De l'Antarctique
aux espaces interstellaires

Yvon Michel-Briand

De l'Antarctique aux espaces interstellaires

Les bactéries du froid

L'Harmattan

Du même auteur

Mécanismes moléculaires de l'action des antibiotiques.
Préface de Julian Davies. 1986, 370 p.
ISBN: 2-225-80769-8, Paris, Masson éd. Epuisé.

Une histoire de la résistance aux antibiotiques. A propos de six bactéries.
2009, 360 p.
ISBN 978-2-296-10677-2, Paris, L'Harmattan éd.

Aspects de la résistance bactérienne aux antibiotiques.
2012, 315 p.
ISBN : 978-2-336-00546-1, Paris, L'Harmattan éd.

Edvard Munch - Echos et reflets.
2005, 96 p.
ISBN : 2-9524626-0-7. Editions du Dix-Neuf.

Oskar Kokoschka - Echos et reflets.
2011, 96 p.
ISBN : 978-2-9524626-1-7. Editions du Dix-Neuf.

5-7, rue de l'Ecole-Polytechnique, 75005 Paris

http://www.editions-harmattan.fr

ISBN : 978-2-343-15820-4
EAN : 9782343158204

Je remercie Norbert Latruffe, professeur à l'Université de Bourgogne - Franche-Comté, pour ses conseils lors de la rédaction du chapitre IV.

AVANT PROPOS

Nombreux sont les écrivains qui dessinent ou peignent, parfois même sur leurs manuscrits. Victor Hugo veut illustrer les *Travailleurs de la mer* (1866) avec ses propres lavis ; les peintures et dessins de Boris Vian, participent à l'exposition *Si vous savez écrire, vous savez dessiner*, organisée, en 1946, par la NRF ; Antoine de Saint-Exupéry décidera, lors de l'écriture du *Petit Prince,* d'illustrer lui-même son conte (1943). On rapporte aussi qu'Eugène Ionesco disait que "*l'on dit davantage avec les formes et les couleurs qu'avec les mots*" et Jean Cocteau explique que "*le dessin est une écriture nouée autrement*". Guillaume Apollinaire réconcilie écriture et dessin dans ses *Calligrammes* (1918) où les textes poétiques sont disposés pour former un dessin en rapport avec le texte (figure). Et dans certains cas, quelques traits sont plus évocateurs de la grâce d'un corps qu'une poésie (figure).

Il est rare que dans les textes, destinés à un large public, dont le sujet fait appel à des notions de chimie, que des formules chimiques simplifiées soient introduites comme si leur présence brisait l'harmonie de l'exposé, comme si l'exposé qui devait suivre ne pouvait être qu'abscons.

Les formules chimiques ont aussi leur histoire. Depuis la nuit des temps, les composés chimiques ont été dénommés et leur nom a pu persister jusqu'à nos jours : ainsi le **natron**, utilisé dans l'ancienne Egypte, pour la conservation des momies. De sa composition (carbonate de sodium hydraté), on a retenu le *sodium* représenté par le symbole Na. Il en aurait été de même du **kalium** (Littré) obtenu en tant que sel de potassium de la décoction de la plante épineuse *Salsola kali*, et dont on a retenu le symbole K. L'extraction du sucre de la canne aurait débuté vers 10.000 à 6.000 av. J. C. en Mélanésie, et le produit à saveur douce aurait été dénommé en sanscrit *cârkara*, devenu *sukkar* en arabe et *zucchero* en italien, le mot saccharose apparaît vers 1860, quand on a connu sa composition à partir de glucose (du grec, paraît-il : *gleukos*, vin doux) et de maltose.

Antoine Lavoisier considère que les corps sont composés d'éléments chimiques, et participe en 1787 à la rédaction d'*une méthode de nomenclature chimique*. Le vert-de-gris doit être nommé carbonate de calcium, l'acide muriatique (ou esprit de sel), du latin *muria* (eau salée), est l'acide chlorhydrique. Plus tard, le suédois Jöns Jacob Berzelius, exprime, en 1813, la composition des corps par une **formule empirique brute** analogue à une formule chimique, le gaz carbonique (dioxyde carbone) s'écrit CO^2, le nombre d'atomes est figuré en exposant. Plus tard ce nombre sera mis en indice et la formule brute du glucose sera $C_6H_{12}O_6$ (a, figure). Fischer donnera une **formule développée linéaire**, les six atomes de carbone du glucose ne sont signalés que par le croisement de deux traits (liaisons) (b). Mais en milieu liquide la majorité des molécules prennent une **forme cyclique** (on parle alors de glucopyranose, projection de Haworth) (c) qui ne peut se maintenir que tordue pour donner une configuration que l'on appelle ici ***chaise*** (d). La molécule perd son anonymat. Elle dévoile son architecture, les quatre atomes centraux sont asymétriques et dévient le plan d'une lumière polarisée. Elle libère ses radicaux les plus entreprenants, les radicaux hydroxyles –OH hérissant la molécule vont se combiner à d'autres pour donner l'amidon ou la cellulose ou encore à d'autres oses pour composer des polymères dans les bulbes ou racines des végétaux, et aussi le saccharose.

La formule chimique reflète l'harmonie de la structure moléculaire et expose dans ses flancs des fonctions s'activant pour participer à la vie de la cellule. Quelques traits bien calculés sont, ici aussi, plus évocateurs des propriétés d'un corps qu'une longue description.

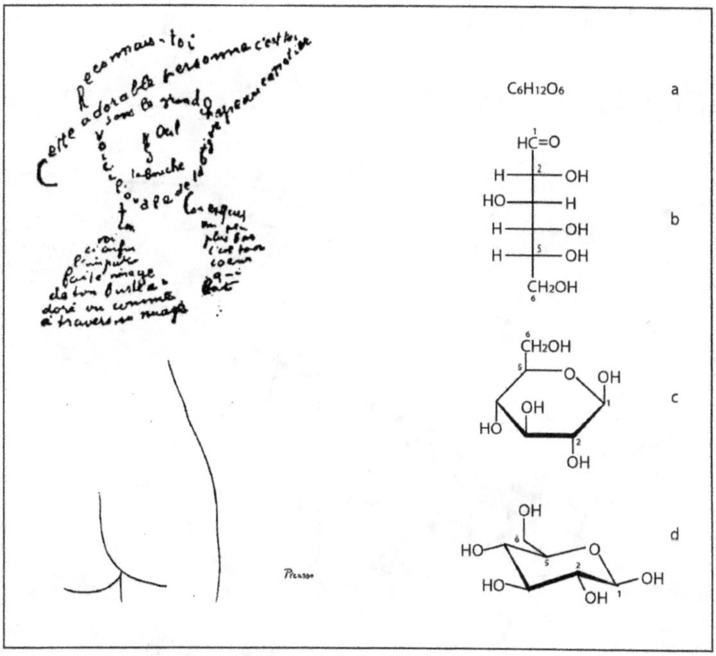

- Guillaume Apollinaire, *Calligramme,* extrait du poème du 9 février 1915 (poèmes à Lou). Mercure de France. Paris, 1918.

- Pablo Picasso. *Femme*, non daté, dessin (Donald Friedman*. Peintures et dessins d'écrivains, TT *ed* / Beaux Arts *ed,* 92130, Issy-les Moulineaux, France, 2013, 229 p.

I- Paul-Emile Victor

Le gamin d'à peine quatorze ans était au lit depuis deux semaines, une maladie de Bouillaud, le médecin de famille, un homme énergique, qui disait *n'est-ce pas* en escamotant souvent le *ce*, venait tous les deux ou trois jours. Le gamin s'ennuyait fort et essayait de combler le temps en lisant, dévorant pourrait-on dire, les livres de la *bibliothèque verte*, destinée paraît-il aux garçons. Il dévorait presque chaque jour, un livre et les parents commençaient à se lasser, il fallait trouver des *Jules Verne*... Lors d'une des visites du médecin, alors que la mère avait bien recommandé que tout soit en ordre un livre traînait sur la couverture du lit, *Le sphinx des glaces* de Jules Verne.

- Sais-tu, dit le médecin, que Paul-Emile Victor m'avait demandé de me joindre à son expédition au Groenland en tant que médecin ?

Jean se redressa sur son lit, une expédition avec Paul-Emile Victor ? Mais comment une telle demande avait-elle pu lui être proposée ? le médecin avait-il des dispositions particulières pour affronter la rigueur des conditions climatiques ? Pouvait-on lui demander de quitter sa clientèle pour partir à l'aventure ? Il portait toujours un costume sombre, trois pièces, une montre dans son gousset, qu'il tirait quand il prenait le pouls ? Et n'éprouvait-il pas, l'hiver, la nécessité d'enfiler un lourd pardessus.

Quand le médecin fut parti, le gamin parla à sa mère, originaire du Haut Jura, de cette révélation. La mère se rappelait effectivement, en 1915, lors de la Première Guerre mondiale, d'un malaise qui s'était emparé de la ville de Saint-Claude, alors que la famille de Paul-Emile Victor avait rejoint cette ville, car le père de Paul-Emile était d'origine autrichienne. La famille se décida alors à déménager à Lons-le-Saunier où le père monta une fabrique de pipes et de stylos. Ce devait être au collège de Lons que Paul-Emile lia probablement amitié avec un jeune qui devait devenir le médecin que l'on connaissait. Oui, elle se souvenait bien que le médecin lui avait dit qu'il était originaire de Lons-le-Saunier.

Le praticien passait deux ou trois fois par semaine pour suivre l'évolution de la maladie. Dès les premiers jours, il avait pris l'avis d'un cardiologue, ancien interne des hôpitaux de Paris, qui avait conseillé d'entreprendre un traitement par la cortisone, un produit que très peu de prescripteurs connaissaient à cette époque. La fièvre avait disparu, mais Jean restait toujours au lit, et il enrageait de suivre un régime sans sel, qui était, paraît-il indispensable au cours d'un traitement à la cortisone. Il aurait bien voulu que le médecin soit plus bavard sur Paul-Emile Victor.

Le médecin, au cours de ses visites, auscultait régulièrement le cœur, mais ne faisait pas d'autres examens cliniques. Le gamin essayait alors de l'inciter à parler, il laissait traîner sur son lit, un Jules Verne, *Les aventures du capitaine Hatteras* ou *Croc blanc* de Jack London. Alors, quelquefois, le médecin s'asseyait et Jean essayait de le retenir par l'attention soutenue qu'il prêtait à ses paroles. Il apprit que Paul-Emile avait un tempérament, une vocation inébranlable qu'il manifesta dès son plus jeune âge pour les grands espaces glacés ou les vastes étendues de l'Océan Pacifique. Paul-Emile habitait la villa Bernard, dans un parc-cafouillis, et s'était réservé une mansarde où il avait épinglé des photographies et des cartes des Pôles et de l'Océan Pacifique. Au Lycée Rouget-de-Lisle, les cours, dont les horaires étaient rythmés par les roulements de tambour de *Vercingétorix*, le concierge, n'ont pas laissé de souvenir marquant. Par contre, Paul-Emile faisait partie de la troupe des *Eclaireurs de France*, dont il devint, croyait-il, le chef, et c'est là qu'il apprit à vivre dans la nature, à préparer des randonnées, à prendre des responsabilités, à mesurer ses efforts. Et puis le médecin le perdit de vue, car Paul-Emile intégra, ce devait être vers 1925, l'Ecole Centrale à Lyon.
- Mais alors, à quel moment vous demanda-t-il de participer à une expédition polaire ?
- Ce devait être en 1934, la toute Première expédition
Le médecin ne lui en dit pas plus.

Remis d'aplomb, le gamin passa une partie de ses grandes vacances, dans les fiches des petits tiroirs en bois des armoires de la bibliothèque municipale, à rechercher les références des livres et des travaux sur les expéditions polaires de Paul-Emile Victor.

Le gamin fut stupéfait d'apprendre que Paul-Emile Victor avait connu Charcot et son *Pourquoi-Pas ?* Il avait l'impression de vivre réellement les pages d'une aventure. Paul-Emile Victor aussi, il notait : "*Dimanche, 8 juillet 1934, 11 heures du matin : pour la première fois, je monte à bord du* Pourquoi-Pas ? *dont j'ai tant rêvé*". Le navire l'embarqua pour sa première expédition vers la côte Est du Groenland. Charcot était là, mais ne pouvait pas commander officiellement, car il avait atteint la limite d'âge. Un homme sensible, au regard d'une extrême douceur, discrètement chaleureux, "*je vous aime bien, mon petit*", disait-il à PEV. Parmi les scientifiques embarqués, un certain Jacques Monod, futur prix Nobel. Le trajet de Saint-Malo par la mer d'Irlande, les îles Féroé, l'Islande, devint mouvementé à partir du Cercle polaire. PEV débarqua avec deux compagnons à Angmagssalik où ils passèrent un an avec les Eskimos. Charcot reviendra dans un an, en 1935, et amènera à nouveau PEV et trois compagnons, en 1936, pour une traversée du Groenland en traineaux. Au retour d'une livraison de matériel scientifique, le 16 septembre 1936, au cours d'une tempête *de fin du monde,* le *Pourquoi-Pas ?* coula corps et biens sur la côte ouest de l'Islande. Vingt-trois morts, dix-sept disparus, un seul survivant, le Maître timonier. Charcot avait libéré de sa cage, la mascotte, la mouette Rita et était resté à bord avec deux de ses marins, alors que le bateau sombrait : Charcot, un vrai commandant de marine.

Paul-Emile Victor avait abordé l'Arctique sous un angle ethnographique. Il ne s'agissait pas tellement de réussir des prouesses physiques dans un milieu hostile mais de comprendre comment des hommes avaient pu vivre dans des conditions inhabituelles pour gens des pays tempérés. L'isolement, le froid, la nourriture... En 1934, PEV vécut un an avec les Eskimos inuits de la côte est, dans la ville d'Angmagssalik, avec ses trois compagnons. A la fin de leur séjour, il ne leur restait plus rien de leurs vivres, de leurs vêtements, échangés contre trois mille trois cents objets représentant la culture matérielle des Eskimos de ce lieu. Au retour en France, PEV présenta des conférences qui eurent beaucoup de succès du fait de son sens exceptionnel de la communication. En 1936, deuxième expédition, il traversa le Groenland en traineaux à chiens d'ouest en est avec trois compagnons et il resta seul pendant quatorze mois dans une ville de l'Ouest du Groenland, au sein d'une famille inuit. Dans ses écrits il sait rendre l'atmosphère envoutante du grand nord, "*les glaces craquent doucement, sifflent, chuchotent... vivent, parlent... les glaces, des bleus transparents...* ; les *formes torturées par la mer, les vagues, le vent ; les banquises imperturbables, éternelles ; les icebergs, cathédrales de cristal*"... ou encore "*le navire roulait à peine, était lentement bercé, il ne manquait plus qu'une comptine murmurée... pas de glaces flottantes, mais une mer incroyable, ahurissante, d'un rose légèrement teinté d'orange, dans lequel le navire avançait comme dans de l'huile... Krill !*" PEV, comme tous ceux qui sillonnent les territoires enneigés, était très proche de ses chiens, compagnons d'effort pour une destination qui leur échappe, bondissant sous la main de leurs maîtres dans l'attente de la nourriture. Après le bouleversement dévastateur de la guerre 1940 – 1945 où PEV avait été officier de renseignement puis commandant d'une des escadrilles *recherche et sauvetage* des pilotes perdus en milieu polaire, il crée, en 1947, les *Expéditions Polaires Françaises* dont certaines seront dirigées par lui-même et intéresseront aussi la région antarctique.

Après avoir passé ses vacances de l'été 1948, à glaner des renseignements sur cet explorateur-scientifique, le gamin en fit part au médecin et se hasarda, timidement, à lui demander pourquoi il n'avait pas souhaité participer à ces expéditions. Le visage du médecin se ferma : *ma fille, mon unique fille, a été ensevelie dans une avalanche, dans les Alpes.*

Jean continua son parcours scolaire, il avait toujours en tête de revenir sur les exploits des derniers aventuriers des glaces. Par ailleurs, de nombreuses expéditions furent entreprises dont certaines avec Paul-Emile Victor, vers les Terres australes. C'est en 1956 que PEV fit son premier voyage en Terre Adélie, en Antarctique, continent de glace, de la base Dumont d'Urville, à la base Charcot. En 1992, l'Institut polaire Paul-Emile Victor fut créé, l'adresse : Pointe du Diable, 29280 Plouzane.

Références

Victor PE. Dialogues à une voix. Rober Laffont *ed*, Paris, 1995, 356 p.
Victor PE. Œuvres autobiographiques. I La mansarde. Transboréal *ed*, Paris. 2005, 309 p.

II- L'Antarctique et les lacs sous-glaciaires L'Arctique et le pergélisol

L'Antarctique est une terre sans maître (et sans ours blanc... mais elle héberge des milliers de manchots), réservée aux seules activités scientifiques. D'une superficie de 14 millions de km², 98% sont recouverts de glace dont l'épaisseur moyenne est de 1.600 mètres. Le navigateur britannique James Cook (1728 – 1779) franchit le Cercle polaire en 1773, mais les côtes ne furent aperçues pour la première fois que vers 1820, et c'est en 1911 que Roald Amundsen (1872 - 1928) planta le drapeau norvégien au Pôle Sud (figure II-1). Cette vaste étendue est d'accès difficile, les qualificatifs terrifiants ne manquent pas : les quarantièmes de latitude rugissants, les cinquantièmes hurlants et les soixantièmes tonnants.

1- Et pourtant de nombreux téméraires s'y attaquèrent et certains purent faire part de leur épopée et furent considérés comme de véritables héros.

Le capitaine de corvette **Dumont d'Urville** (1790–1842) entreprit, en 1837, par ordre du roi Louis-Philippe (1773-1850), l'exploration maritime de l'Océan antarctique. L'expédition comprenait deux corvettes, l'*Astrolabe* et la *Zélée* : en tout 29 officiers et 166 hommes tous volontaires, avec une prime de cent francs-or promise si l'équipage atteignait le 75ème parallèle et une prime de 20 francs supplémentaire pour chaque degré plus au sud. La cargaison de vivres était prévue pour quatorze mois, celle de vin pour deux ans (Henry Volf, 2012). Dans un premier temps, au cours de l'année 1838, Dumont d'Urville explora les mers australes mais une barrière de glace l'obligea à remonter vers le nord. Il fit relâche à Valparaiso, remonta en Mélanésie et en Malaisie, mais son équipage fut atteint par le scorbut, puis par les *fièvres*. Dumont d'Urville fit face, l'équipage le suivit : il semblerait, qu'après avoir appris que deux capitaines anglais étaient en route pour le Pôle Sud, il décida alors de s'enfoncer dans

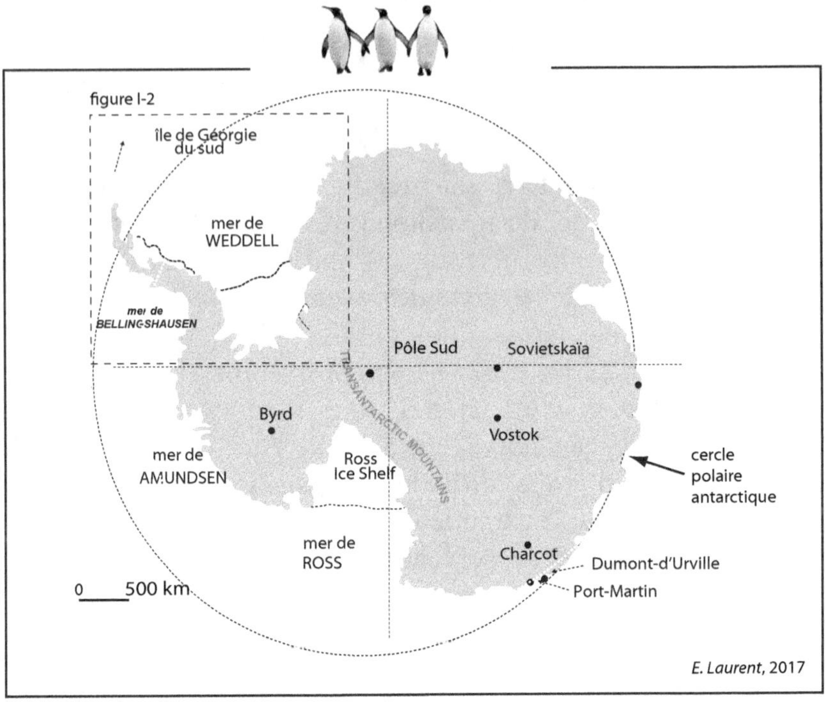

Figure II-1. **Quelques repères géographiques**. Cercle polaire antarctique (66° 33'). Station Dumont dUrville (66° 40' S - 140° 01' E). Station Vostok (78° 27' S – 106° 50' E). Glacier Taylor, *Bloody Falls* (77° 44' S – 162° 10'E). Lac Vida (77° 23' S – 161° 56' E)

l'Antarctique, dans un espace maritime qu'aucun navire n'avait encore sillonné. Il découvrit, le 21 janvier 1840, un chapelet d'îles, chaque corvette mit à l'eau une embarcation, les hommes abordèrent un îlot, sautèrent à terre, armés de pioches et de marteaux et déployèrent un drapeau tricolore, prélevèrent des fragments de roche et prirent possession de l'îlot, ainsi que de la côte voisine que la glace empêchait d'aborder. "*La cérémonie se termina comme elle devait finir, par une libation... Jamais vin de Bordeaux ne fut appelé à jouer un rôle plus digne ; jamais bouteille ne fut vidée plus à propos"* (Eugène du Bouzet, commandant en second de la *Zélée*). Dumont d'Urville appela cette terre, Terre Adélie, du prénom de son épouse. Il explorera encore, durant huit mois, les mers du Sud et reviendra à Toulon le 6 novembre 1840, après trois ans et deux mois d'absence. Il fut alors nommé Contre-amiral. Le bilan humain fut terrible : 25 morts, 14 marins débarqués pour raison de santé, 13 déserteurs. Mais le bilan scientifique était remarquable : 65 cartes dressées et 400 vues de côtes représentées, qui seront utiles jusqu'en 1940 et des centaines de planches de zoologie, des échantillons de roches etc. Le roi Louis-Philippe accorda aux membres survivants de l'expédition, la somme de 150.000 francs-or. Cette expédition, qui était la troisième menée par Dumont d'Urville, fut la plus marquante.

Au cours d'une première expédition, en 1819, il avait participé à la réalisation d'une carte de l'Est de la Méditerranée et à Milos, dans les Cyclades, on lui avait montré un dessin d'une statue brisée qui venait d'être découverte par un paysan cultivant son champ. Percevant l'importance de cette découverte, il informa l'ambassade de France à Constantinople, ce qui permit à la France d'acheter, celle qui devint au Louvre, *La Vénus de Milo*. Lors d'une deuxième expédition, Dumont d'Urville retrouva les traces du naufrage des navires l'*Astrolabe* et de la *Boussole* de La Pérouse, disparus en 1788, près de l'ile de Vanikoro, à 1.000 km au nord de la Nouvelle Calédonie. Sa fin fut tragique (1842), non pas en mer, mais au cours d'un voyage en train sur la première ligne du Chemin de Fer Paris-Invalides à Versailles. Deux locomotives tractaient les wagons. A hauteur de Meudon, un essieu de la première locomotive céda, la locomotive se coucha sur la voie, dérailla, la deuxième s'encastra dans la première, les wagons en bois s'encastrèrent, se brisèrent, des charbons ardents jaillirent, l'incendie se propagea aux cinq premiers wagons, plus de quarante voyageurs périrent, parmi eux, le Contre-amiral Dumont d'Urville, son épouse et son fils. Pour la sécurité des voyageurs, les wagons avaient été fermés à clé. Et ceux qui ont connu les trains, même après 1945, se rappellent que depuis cette tragédie, pour sortir d'un wagon, les voyageurs devaient baisser la vitre de la porte et tourner la poignée de fermeture depuis l'extérieur.

L'Antarctique avait déjà suscité de nombreuses vocations exploratrices, il ne restait plus aux intrépides qu'à être les premiers à traverser le continent Antarctique. *"On demande des volontaires, pour un voyage dangereux. Faible rémunération, froid glacial, longs mois d'obscurité totale, danger permanent, retour sain et sauf non assuré. Honneur et prestige en cas de succès"* Cette annonce aurait été passée

le 1er janvier 1914, dans le *Times*, par **Ernest Shackleton** (1874–1922), capitaine britannique au long cours et explorateur, déjà anobli pour deux expéditions antérieures dans l'Antarctique où le Pôle Sud avait été *presqu'atteint*. Cinq mille candidats répondirent à cette annonce pour 56 postes, sur deux bateaux, l'*Endurance* et l'*Aurora*. De nombreux livres, dont certains écrits par Shackleton lui-même (58), ont relaté les péripéties de cette aventure. L'expédition sur le trois-mâts *Endurance,* partie le 9 août 1914 avec 28 hommes (dont deux chirurgiens et un photographe), avait pour but de traverser l'Antarctique, un trajet de 2.900 km, de la mer de Weddell à la mer de Ross (figure II-2). Arrivé en vue du *continent blanc*, dans la zone de la mer de Weddell, le navire fut pris dans les glaces, dériva avec les blocs de glace qui l'enserrèrent. En septembre 1915, "*le navire gémissait comme un être vivant*", écrit le capitaine Frank Worsey, le 23 octobre il se coucha, "*dans ce monde étrange, nous étions des intrus*", écrira Shackleton, puis se disloqua sous la pression des glaces, et coula le 21 novembre, "*il nous sembla que le moment d'une grande séparation était arrivé*" (Shackleton). L'expédition ne pouvait donc plus être poursuivie et Shackleton souhaita alors rejoindre une île au nord et revenir en Angleterre. (figure II-2) (58). Trois embarcations de l'*Endurance* furent placées sur des traineaux et tractées par les hommes, le relief de la glace rendit la progression difficile, les réserves s'épuisèrent, les chiens furent alors abattus, et l'équipée s'arrêta sur l'île de l'Eléphant. Shackleton décida alors de partir chercher de l'aide vers les îles de Géorgie du Sud, avec cinq de ses compagnons, dont le capitaine très expérimenté Frank Worsley, mais auparavant le charpentier aménagea une baleinière (la *James Caird*, du nom du principal financier de l'expédition) pour affronter les éléments, le commandant en second Frank Wild devait rester sur l'île afin de veiller sur les hommes. Shackleton naviguera seize jours avant d'aborder les côtes de Géorgie du Sud, au milieu des vagues et des vents des soixantièmes tonnants, affrontant une de ces terribles

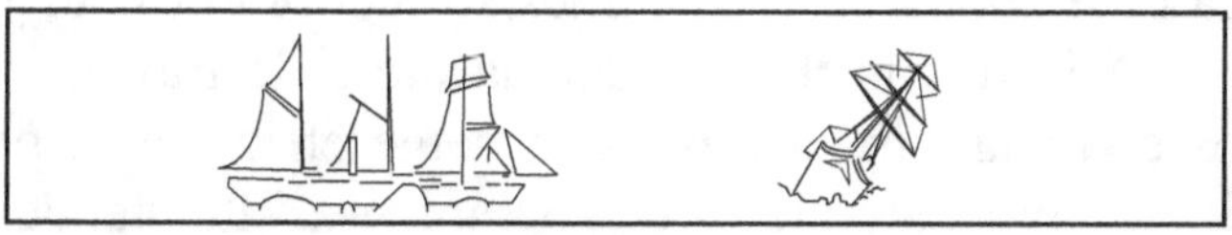

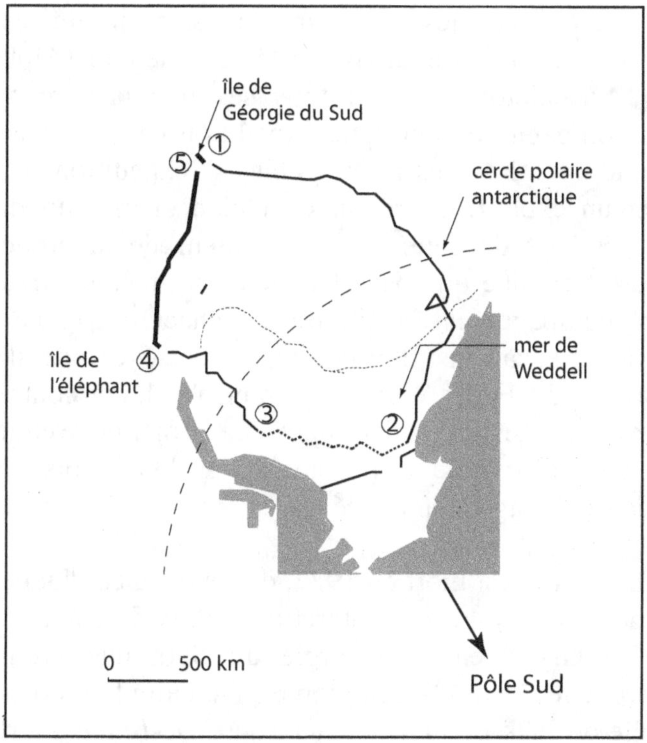

Figure II-2. **Shackleton et l'expédition de l'*Endurance*.** (1) départ de l'île de Géorgie du Sud, passage du Cercle polaire et emprisonnement du navire dans les glaces de la mer de Weddell ; (2-3) dérive de l'Endurance dans les glaces, le navire se brise ; (3-4) progression des hommes et des traineaux sur la glace et enfin arrivée à l'île de l'Eléphant ; (4-5) itinéraire de la baleinière James Caird jusqu'en Géorgie du Sud.

Bandeau. Le navire l'*Endurance* est une goélette trois-mâts avec moteur à vapeur, de 356 tonneaux de déplacement, particulièrement robuste (son étrave a une épaisseur de 1,3 m) – L'*Endurance* est bloqué par les glaces le 19 janvier 1915 et dérive (2-->3). Le 27 octobre, la coque commence à céder, le 21 novembre 1915, le navire coule.

vagues, dite vague scélérate, de 20 à 30 mètres de haut, et un terrible ouragan. La côte abordée, les hommes se reposèrent neuf jours, mais l'endroit était désert. Shackleton décida alors de traverser l'île avec deux de ses compagnons, à travers la neige et la glace, pour arriver enfin à la station baleinière de Stromness. Le lendemain, une baleinière alla récupérer les trois hommes restés sur la côte, et il fallut trois mois pour secourir l'équipage resté sur l'île de l'Eléphant : le 30 août 1916, Shackleton retrouva tous ses hommes, tous ceux qui l'avaient accompagné durant cette expédition de deux ans, effectuée dans les conditions les plus impitoyables. L'expédition fut un échec, mais devint un exploit. Ce retour en pleine guerre mondiale ne fut cependant pas tout de suite salué à hauteur de la prouesse. Cette dernière ne fut connue que par Shackleton lui-même : très populaire parmi son équipage, il savait traiter chacun comme s'il était indispensable, il savait insuffler courage et persévérance, il a su aussi choisir ses seconds, Frank Worsey et Frank Wild. Par contre l'*Aurora*, qui devait déposer des vivres à l'opposé de la mer de Weddell, dans la zone de la mer de Ross, ne fut retrouvé qu'en 1917, trois marins, de la vingtaine de l'équipage, étant décédés.

Ernest Shackleton est mort en 1922, d'une crise cardiaque, à 47 ans, lors d'un dernier voyage en Antarctique. Près de l'ancienne station baleinière de Grytviken en Géorgie du Sud, une pierre tombale dressée marque le lieu où Shackleton trouve enfin le repos. Ce fut *une époque*, celle où Jack London, l'auteur de *Croc-Blanc*, mort épuisé en 1916, à 40 ans, disait "*je ne gâcherai pas mes jours à tenter de prolonger ma vie. Je veux brûler tout mon temps*".

2- En 1959, le 1er décembre, le traité de l'Antarctique est signé à Washington, le territoire est politiquement neutre : douze pays, dont les Etats-Unis et l'Union soviétique, s'engagent à ce que l'exploration de l'Antarctique se fasse exclusivement à des fins pacifiques et ne devienne ni le théâtre, ni l'enjeu de différends nationaux. La France a un secteur de 432.000 km², la base scientifique Dumont d'Urville, créée en 1956, située sur l'île des Pétrels, est gérée par l'Institut polaire français Paul-Emile Victor (figure II-1).

Dès l'année 1957, les soviétiques avaient installé une base scientifique dénommée Vostok, pour rappeler le bateau du même nom

(*Bactok* en russe, signifie *Est*) dont le capitaine a été un des premiers à découvrir l'Antarctique. Cette base, située à 3.482 m d'altitude, est isolée, la côte la plus proche est à 1.260 km. Ces bases sont toutes situées dans des milieux hostiles. La station Dumont d'Urville détient le record du vent le plus violent. Au cours d'un phénomène de Loewe* (brusque changement de la force d'un vent froid dévalant d'un relief), le 16 juin 1972, le vent atteignit 320 km/h pendant 300 secondes et même 326 km/h à 17 h 30 heure locale. La station Vostok, dont la température moyenne annuelle est de -55°C, détient, elle, le record de la température la plus glaciale de la planète, -89,2°C, le 21 juillet 1983.

C'est à bord de leur Ilyushin, que les pilotes soviétiques, chargés du ravitaillement de la **station Vostok**, avaient remarqué, dès 1957, des dépressions à la surface de la calotte glaciaire, dans un territoire par ailleurs assez mouvementé. En 1963, le géographe russe Andreï Kapitsa (1931 – 2011) avait pour mission de déterminer l'épaisseur de la calotte glaciaire au niveau de la station Vostok. Le sondage sismique réalisé en recueillant les ondes réfléchies après une explosion en surface, mit en évidence deux échos. Ce fut confirmé, en 1974-75, par radio-sondage avec envoi de « pulses » d'ondes radio à partir d'un avion. Avant de poursuivre l'interprétation de ces échos, signalons, en quelques paragraphes, des travaux exceptionnels sur **l'évolution du climat**, qui se déroulèrent sur la station, mais qui ne concernent pas directement le sujet de cet ouvrage.

Depuis 1970, les scientifiques soviétiques entreprenaient une série de forages, avec pour but d'étudier la teneur en oxygène isotopique de l'eau composant la calotte glaciaire. Ils montrèrent que la calotte contenait de la glace datant de la dernière glaciation, à une profondeur supérieure à 400 mètres. En 1982, le glaciologue français **Claude Lorius** se mit en relation avec l'équipe russe pour l'étude des carottes de glace extraites par l'équipe soviétique.

Claude Lorius rapporte lui-même, (39) comment, originaire des terres franc-comtoises, il est venu à se passionner pour l'Antarctique. "*Je me rappelle le jour de 1955 où, jeune étudiant à la faculté de Besançon, je découvris par hasard, sur le panneau d'affichage, une petite annonce des Expéditions Antarctiques de l'Année Géophysique,* *je me doutais guère que je rencontrerais là une passion qui allait envahir ma vie"*. Légitimé dans sa décision par une solide santé (en effet il avait fait partie de l'équipe de France de football universitaire), ce fut dans le cadre de l'Année géophysique internationale (AGI) qu'il participa donc à cette expédition dans l'Antarctique, en 1957, pendant un an, dans la station Charcot, minuscule station française perdue dans les neiges à 300 km de la station Dumont d'Urville. Plus tard, au cours d'une autre expédition, en 1965, alors qu'il mettait dans du whisky un fragment de glace extrait de la banquise, Claude Lorius vit que des bulles de gaz venaient éclater et prit alors conscience que les bulles contenaient de l'air datant de l'époque où la glace s'était formée ! Ces bulles d'air devaient donc permettre de reconstituer la composition chimique de l'atmosphère au cours des siècles passés ! Il mit alors en évidence, avec Jean Jouzel, une relation entre gaz à effet de serre* et température : il y a peu de gaz à effet de serre quand l'atmosphère est froide, et inversement.

En 1982, il se mit donc en relation avec l'équipe russe et fin 1984, en pleine guerre froide, grâce au soutien aérien des Américains et à l'autorisation des Soviétiques, il put prélever 2.000 échantillons des carottes de glace obtenues au cours d'un forage dans la station où la température moyenne annuelle est de -55,5°C. Lorius, avec deux compagnons, commença à *"feuilleter les archives du climat"* dans les glaces de Vostok. Les carottes, dont la longueur totale atteignit 2.083 m, permirent de décrire un cycle climatique de 160.000 ans (23, 28). Mais, les trois chercheurs mirent en évidence un fait inquiétant, **les gaz à effet de serre*** était de 390 ppm en 1987 alors que dans les temps anciens la teneur évoluait entre 200 ppm (périodes froides) et 280 ppm (périodes chaudes), ce qui tendait à prouver le rôle de l'homme dans l'augmentation de ces gaz. Des échantillons de glace datant de 2,7 millions d'années, ont été extraits, en 2017, confirment ces données. Est-on dans une nouvelle époque géologique, l'*anthropocène* imaginé en 2000 par le chimiste et Prix Nobel Paul Crutzen, où l'homme est le facteur déterminant de l'évolution climatique et de l'érosion de la biodiversité ?

Claude Lorius, qui a participé à vingt-deux campagnes d'été et d'hiver sur les calottes polaires, rappelait les sentiments de Charcot, en 1905, au retour d'une campagne de deux ans dans l'Antarctique :

"D'où vient donc l'étrange attirance de ces régions polaires, si tenace qu'après en être revenu, on oublie les fatigues morales et physiques, pour ne songer qu'à retourner vers elles ? D'où vient le charme de ces contrées pourtant désertes et terrifiantes ?". De plus, la confrontation des hommes aux pires rigueurs climatiques conjuguée à la passion des hommes pour la connaissance, indépendamment de toute conquête territoriale et d'appât financier, cimentent les amitiés les plus solides entre les peuples.

3- Le lacVostok. Revenons à **l'interprétation des échos** enregistrés autour de Vostok. On acquit la conviction qu'un écho provenait du sol rocheux et que l'écho intermédiaire provenait de la surface d'un lac, ce qui fut confirmé en 1996, par une équipe russo-britannique (30). Il y avait bien un lac de grande surface et la moyenne d'âge de son eau devait être d'environ un million d'années. La publication, le 20 juin 1996, dans la prestigieuse revue *Nature*, suscita les interprétations les plus fabuleuses. On avait découvert une immensité d'eau datant de centaines de milliers d'années, reposant immobile dans le froid, l'obscurité, sans atmosphère, plaquée aux glaces et subissant leur énorme pression. Les aventures du professeur Lidenbrock et de son neveu, dans le *Voyage au centre de la terre* (1864) de Jules Verne, revenaient à l'esprit... les deux explorateurs arrivèrent, plongés dans une obscurité totale, au bord d'une mer gigantesque, une mer étrangement calme, au sein d'une immense caverne, *"le rivage... offrait aux dernières ondulations des vagues, un sable fin, doré, parsemé de ces petits coquillages où vécurent les premiers êtres de la création... les flots s'y brisaient avec ce murmure... particulier aux milieux clos et immenses"*. Et puis, Claude Lorius avait montré qu'en respirant l'air au-dessus de son verre de vodka, on pouvait respirer l'air d'il y a 160.000 ans ! Les hommes de l'an 2000 pouvaient replonger dans les temps où l'homme était encore en devenir, voilà qui alimentait encore tous les fantasmes !

Mais une question plus pressante taraudait les esprits. **Y avait-il une vie dans ce lac**, une vie ? sous forme de cellules isolées, autonomes, des cellules isolées comme des micro-organismes les plus rudimentaires, des bactéries ou des archebactéries au nom prédestiné (Bacteria ou Archaea) ? une vie primitive, que signifie primitif ? avec une organisation fruste, mais si elle peut s'exprimer dans ces

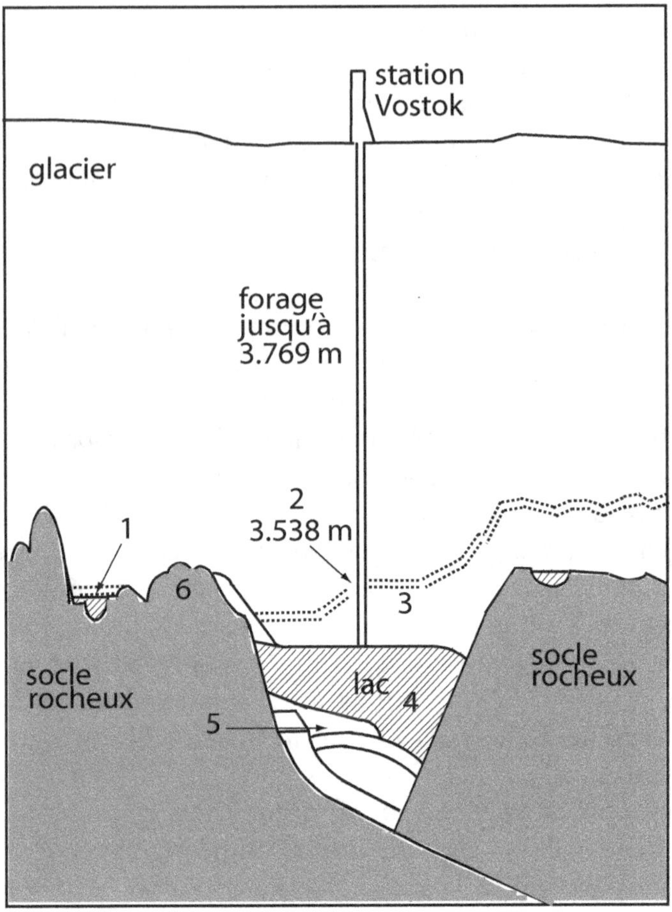

modifié *d'après* Studinger M & Bell RE
Lamont -Doherty Earth Observatory, 2007

conditions, elle a dû résister aux basses températures, aux fortes pressions et à un environnement pauvre en oxygène et en aliments.

Figure II-3 **Coupe de l'aire sous-glaciaire du lac Vostok**. (1) poche d'eau de fonte des glaces ; (2) zone où l'âge de la glace est de l'ordre de 420.000 ans ; (3) zone d'accrétion de glace ; (4) lac Vostok dont la profondeur atteint 670 mètres à l'endroit du forage ; (5) dépôt de matériaux sub-glaciaires ; (6) zone d'activité géothermique supposée.

Est-elle le fossile vivant de la vie qui vient d'émerger de la soupe primitive ? Et quel est le lien avec les bactéries actuelles, nombreuses dans ces eaux glacées ? Ou alors pouvait-on concevoir une vie parallèle ? Ces organismes seraient-ils être très proches de ceux que l'on *pourrait* découvrir sur les planètes ? On s'extirperait de l'histoire de la Terre, pour embrasser celle de l'Univers.

Entretemps, les connaissances sur le lac se précisaient. La surface du lac est située à 4.150 m en dessous de la surface la plus haute de la station, elle est donc à plus de 600 mètres au dessous du niveau actuel de la mer (figure II-3). Le lac est long de 250 km et sa plus grande largeur atteint 50 km. Sa surface est de l'ordre de 15.960 km^2 (plus de 27 fois celle du lac Léman, ou la moitié du lac Baïkal pour les scientifiques russes), la profondeur moyenne est de 344 mètres ce qui donne un volume de l'ordre de 5.400 +/- 1.600 km^3, la profondeur variant de 200 à 800 mètres.

Le lac est formé de deux bassins, celui situé au Sud-Est est le plus important. Le lac contient de l'eau douce et a dû être scellé par une couverture de glace il y a, au moins, 420.000 ans (13), voir 15 millions d'années (15). Son eau ne doit pas dater de ce temps, elle est certainement renouvelée par des circuits intra-glaciaires et un apport provenant de la fonte de son couvercle du fait des fortes pressions (4, 62).

On admet que l'épaisseur de la glace qui le recouvre, comprend deux zones : la partie supérieure d'une épaisseur de 3.538 m correspond à un glacier, dont la couche la plus ancienne daterait d'un à deux millions d'années (56). On y trouve des traces de substances d'origine éolienne. La zone inférieure (de -3.538 m jusqu'à la surface du lac, à -3.769 m) est formée d'accrétion de glace provenant du déplacement du glacier, la partie la plus profonde provenant de l'eau du lac. Les hypothèses sur la qualité de l'eau ne manquèrent pas : à une température de -3°C, l'eau doit rester liquide du fait de la pression ambiante, de l'ordre de 400 bars et pour les mêmes raisons elle doit être sursaturée en oxygène et en azote, une concentration cinquante fois celle de l'eau de rivière, ce qui permet la formation de clathrate, les molécules d'eau formant une cage moléculaire emprisonnant les gaz.

La curiosité l'emporta vite au sein de l'équipe soviétique et dès 1989, une percée, avec une interruption entre 1998 et 2004, a été graduellement effectuée à travers les 4.000 mètres de couches de glace. Une entreprise colossale dans ces lieux inhospitaliers. En 1998, une équipe multinationale fora jusqu'à 3.623 mètres et s'arrêta à 146 m au dessus de la surface du lac. Un comité scientifique sur les recherches antarctiques fit part de son inquiétude sur la contamination pouvant survenir dans l'eau du lac. Une colonne de soixante tonnes d'un mélange de fréon et de kérosène remplissait le conduit pour empêcher son effondrement. Aller plus profond pour prélever de l'eau, c'était risquer la pollution. Finalement, le 8 février 2012, (26) les chercheurs atteignirent la surface du lac, à 3.769 m de profondeur, l'eau jaillit sous l'effet de la pression, monta dans le conduit, gela et l'obtura. On fit des prélèvements dans une partie exempte de contaminant, du moins le pensait-on, à la recherche d'un monde perdu.

Cette recherche, qui a tant enflammé les esprits, a certainement été trop précipitée. Il n'est pas indifférent de citer ces travaux, parfois publiés dans des revues prestigieuses (*Science*), alimentant les passions pour les origines de la vie (8, 13, 16, 31, 49, 61).

Il faut quand même rappeler qu'Irina Alekhina *et al* avaient été plus prudents et rappelé en 2007 (1), que les surfaces des carottes de glace sont imprégnées d'hydrocarbures et de fluide frigorigène, eux-mêmes contaminés par des bactéries retrouvées chez l'homme ou dans le sol. Toutes les bactéries retrouvées précédemment étaient des contaminants. Une décontamination est d'ailleurs illusoire si elle n'est pas conduite dans des locaux avec des niveaux de sécurité biologique suffisants.

Finalement, Sergey Bulat, de l'Institut de Physique Nucléaire de Saint-Petersbourg, fit un bilan, en 2016, de cette course à la découverte de la vie sous les glaces (9). Sont à retenir : une bactérie thermophile *Hydrogenophilus thermoluteolus* et une autre non identifiable : AF532061. Les prélèvements dans la couche la plus profonde ne révélèrent pas de surprise. Lorsque le forage a enfin atteint la surface du lac à -3769 m, le 6 février 2012, l'eau du lac, sous pression, monta dans le système de forage sur un hauteur de 363 m et l'on chercha à prélever de la glace au centre de ce cylindre de glace : il y avait 5,5 à 38 cellules /ml, alors que dans les autres parties mal protégées, le nombre était beaucoup plus élevé. Finalement un seul prélèvement génomique put être retenu : un phylotype inconnu dénommé w123-10 présentant moins de 86% de similarité de séquences avec des bactéries connues, tolérant aux très fortes concentrations en oxygène dissous dans l'eau du lac (au moins 320 mg/l). La détection d'une population bactérienne active pourrait se trouver au fond du lac, plus chaud et au niveau des sédiments.

Un deuxième forage jusqu'à 3.769 m, effectué dans des conditions mieux contrôlées, a atteint le lac le 25 janvier 2015. Les résultats n'ont pas encore été publiés en 2018.

L'intérêt de ces études intra-terrestres réside en ce qu'elles peuvent concerner des objets extra-célestes. Nous y reviendrons plus loin. Des océans se trouvent sous des surfaces glaciaires dans notre système solaire, la lune *Europa* de Jupiter est recouverte d'une épaisseur de glace de 3 à 4 km (température moyenne à l'équateur : -160°C) recouvrant un océan liquide de 50 à 100 km de profondeur. De même la lune de Saturne, *Enceladus* (du nom du géant belliqueux de la mythologie ensevelit au fond de l'Etna), avec ses geysers, est couverte d'un océan d'eau liquide sous sa carapace de glace. Y aurait-il les conditions pour une certaine forme de vie ?

4- D'autres lacs ont été explorés. Si le lac Vostok est souvent mentionné dans les documents concernant l'Antarctique, il n'est pas le seul représentant dans ce continent. Lorsqu'un territoire est recouvert par des dizaines de mètres d'épaisseur de glace, on peut s'attendre à ce que de l'eau imprègne le sol, que des étendues d'eau se forment dans les dépressions, ou s'engouffrent dans les anfractuosités. Les lacs sous-glaciaires sont nombreux dans l'Antarctique, un inventaire par radar et satellite, en 2012 (77) en dénombrait 379, dont les plus explorés montraient une certaine singularité. Les uns contiennent une eau douce provenant de la fonte de la glace sus-jacente et peuvent être connectés entre eux (22), d'autres sont fortement salés (42), la plupart sont soumis à la forte pression d'un glacier sus-jacent, certains sont réchauffés à leur base, par un flux géothermique (20). Tous seront-ils explorés ? ("coût moyen d'un forage profond dans les glaces antarctiques : 20 millions d'euros", *Les Echos*, 2014).

Un Comité scientifique pour la recherche dans l'Antarctique (SCAR), dont la première réunion eut lieu en 1958, avait été créé pour favoriser les discussions et coordonner les recherches. Il a finalement encouragé l'exploration de trois lacs, dont celui de **Vostok** par les soviétiques/russes. Le lac sub-glaciaire **Ellsworth** a été exploré par les britanniques, dans des conditions peu convenables sur le plan bactériologique, par contre le lac **Whillans** le fut dans de bonnes conditions par les Etats-Unis (11, 63). Nous donnons ici la chronique d'exploration de quelques lacs, chaque recueil de données relate une aventure où les froids extrêmes et les vents violents rendent complexes les activités les plus simples. Parmi tous les paramètres recueillis, nous ne retiendrons que ceux qui permettent d'établir **la présence d'une vie microbienne.**

En janvier 1911, la baleinière *Terra Nova*, de l'expédition dirigée par le britannique Robert Falcon Scott, dépose le géologue Griffith Taylor (1880 – 1963) sur la côte où finit une des trois vallées sèches du territoire de *McMurdo*. En explorant la vallée qui portera son nom, Taylor découvre des cascades de glace à l'extrémité d'un glacier, des cascades de glace brun rouge, les ***Bloody Falls***, les *cascades sanglantes*. En 2009, une équipe américaine met en évidence **un lac sous le glacier Taylor** contenant une eau très salée (2,5 fois plus que la salinité actuelle de l'Océan Antarctique), totalement dépourvue d'oxygène, mais riche en sulfate SO_4^{2-} (provenant de la mer) et en ions ferreux Fe^{2+} (provenant du lit rocheux du lac) (42) et qui en s'oxydant à l'air donne les *Bloody Falls*. Malgré cette composition peu alléchante, de très nombreuses espèces bactériennes (dix-sept) se sont développées. Une espèce domine, elle est proche de *Thiomicrospira arctica*, une protéobactérie γ **psychrophile oxydant le soufre**, isolée au large d'un archipel norvégien à la limite de l'Océan Arctique (34). Il s'agit d'une bactérie psychrophile, chimio-litho-autotrophe*.

Dans la même région, le **lac Vida**, un des plus grands lacs des *McMurdo Dry Valleys*, un lieu glacial, dépourvu de neige, balayé par les vents katabatiques*, a été exploré par une équipe américaine, dont

Alison Murray, du *Desert Research Institute* du Nevada, habituée à d'autres espaces désertiques (44). Dans une tente stérile, les chercheurs en tenue stérile, ont pratiqué un forage de la glace et extrait une eau six fois plus salée que l'eau de mer contenant des bactéries qui peuvent vivre dans des conditions extrêmes : à -13°C, dans une salinité où domine le chlorure de sodium à concentration de 200°/°° et en l'absence de lumière et d'oxygène. La saumure contient plusieurs millions de **cellules** par ml, appartenant à 32 espèces bactériennes, dont la **taille minuscule** (≤ 0,2 µm alors qu'elle est de 3 à 5 µm pour *E. coli*) serait le témoin d'une réponse au stress environnemental (35).

Toutes ces cellules, dans une saumure riche en métaux dissous et autres composés, sont donc des **chimio-litho-autotrophes*** dont l'activité métabolique se manifeste très lentement à basse température : le temps de doublement, de génération, avoisinerait près de120 ans... il est vrai que les cellules-mères datent de 2.800 ans.

Toujours dans l'Antarctique-Ouest, un projet WISSARD (*Whillans Ice Stream Subglacial Access Research Drilling*, 2009) a été monté par les Américains. Une dizaine d'énormes tracteurs à chenilles tirant chacun une demi-douzaine de containers rouges ont envahit allègrement la surface du glacier. Quelques jours plus tard, l'implantation des équipes à la surface du courant glaciaire **Whillians** rappelle celle d'un édifice industriel avec son générateur, ses entrepôts, son réservoir d'eau, une plateforme de forage, des laboratoires... Le projet américain WISSARD a décidé de s'installer ici pour étudier un courant glaciaire sous le glacier et un lac sous-glaciaire (11, 69).

Le forage débuta en janvier 2013 et se déroula dans les meilleures conditions d'asepsie : l'eau stérile à 90°C est envoyée sous pression pour fondre la glace, l'intérieur du cylindre de glace est stérilisé par un collier de rayons ultra-violets (50). Le 28 janvier, à 6h20, la surface du lac est atteinte à 800 m de profondeur et un récipient, de la taille d'une *batte de base-ball,* est rempli d'eau. Malgré le froid (-0,5°C) de **nombreuses bactéries** (*Bacteria* 87,0 % et *Archaea* 3,6 %) sont présentes dans ce lac, de l'ordre de 10^5/ml, et **une douzaine d'espèces** sont repérables sommairement par leur morphologie, puis plus précisément par certains gènes (gènes du ribosome 16S, cf.p.34). Mais cette dernière technique n'a pas permis ici de se référer à une bactérie type déjà décrite, elle indique seulement que la cellule examinée est *proche* d'une bactérie déjà répertoriée (18, 37) comme si l'évolution, dans cet environnement, s'était engagée dans une autre voie. **L'approvisionnement des bactéries** est un autre défi. La densité bactérienne est plus élevée au niveau des sédiments que dans l'eau libre, indiquant que les ions en provenance du lit rocheux sont une source nutritive précieuse. Les bactéries sont métaboliquement actives, **chimio-litho-autotrophes***, utilisant azote, fer, soufre, méthane, dioxyde de carbone (15).(43).

Notons aussi que les bactéries psychrophiles **marines** doivent faire face à des conditions de vie encore plus hostiles. Ainsi *Moritella profundis*, prélevé à 2.815 m de profondeur dans la région des côtes de l'Afrique de l'Ouest, a une croissance maximale à +2°C, cultive préférentiellement sous une pression de 22 MPa (soit 217 atmosphères) à 10°C, mais ne donne plus de culture à 12°C (79).

De toutes ces constatations effectuées dans des conditions de plus en plus rigoureuses, on peut conclure que **la vie existe bien à très basse température**, sans exubérance, dans un milieu minéral austère, conférant aux bactéries, l'appellation de **bactéries chimio-litho-autotrophes**, mais on n'explique pas encore comment les cellules peuvent se maintenir en vie.

5- Incursions dans la diversité du monde bactérien, dont la présence permet d'affirmer des preuves de vie (Figure II-4)

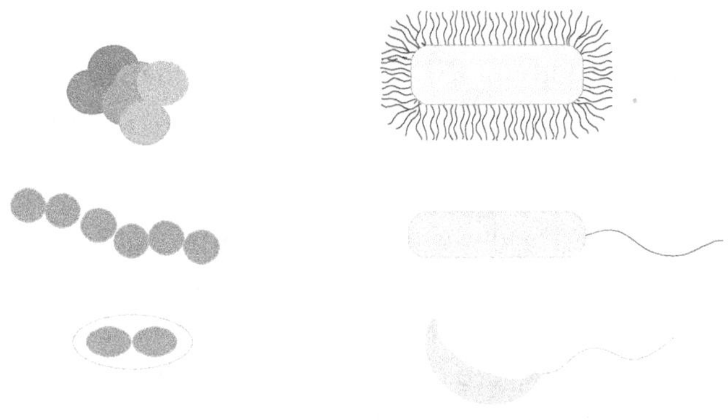

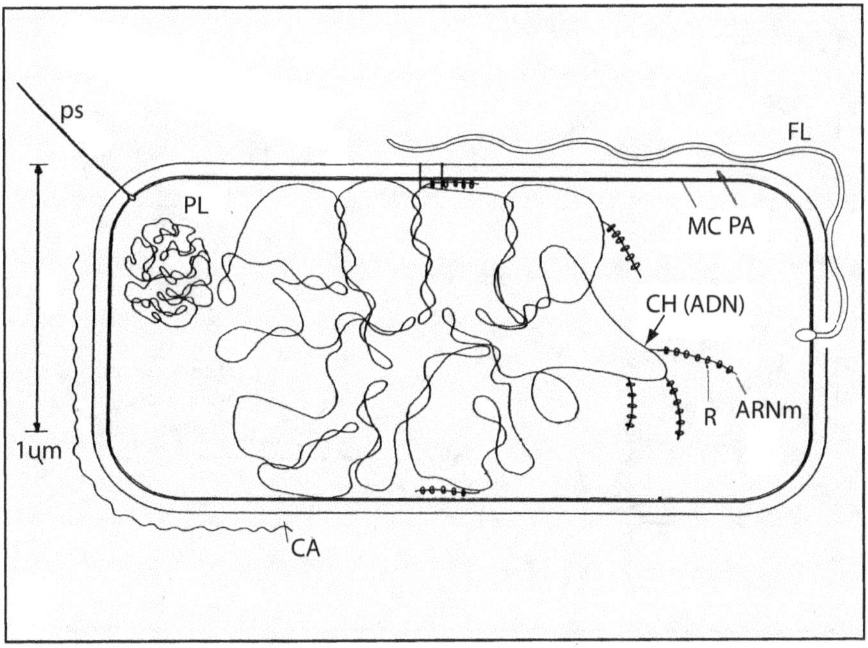

Figure II-4. **Une cellule bactérienne et quelques caractéristiques permettant d'expliquer son fonctionnement.** La première forme de vie s'est exprimée dans les bactéries. La figure représente une bactérie en forme de bâtonnet (que l'on appelle *bacille*). Une bactérie n'a pas de noyau, et toute l'information génétique est contenue dans un seul chromosome **CH** (ADN) qui forme un long filament circulaire de deux brins entrelacés (non représentés ici), d'environ 1,36 mm, extrêmement fin (2 millionièmes de mm), porteur de milliers de gènes (4.288 dans la bactérie *Escherichia coli*), et pelotonné dans une cellule 500 fois plus petite. Les ordres livrés par les gènes sont transmis rapidement sous forme d'ARN messagers **ARNm** et décodés au niveau des ribosomes **R**, pour donner la synthèse des protéines. Le cytoplasme **CY**, dans lequel baigne le chromosome, contient des protéines de structure et des enzymes qui s'organisent en équipes pour édifier des voies métaboliques. Il est limité par la membrane cytoplasmique **MC**. La majorité des bactéries sont entourées d'une paroi **PA** rigide protectrice qui donne la forme à la bactérie . D'autres éléments structuraux ne sont présents que chez certaines bactéries : la capsule **CA** est l'enveloppe la plus externe, facteur de résistance, parfois de virulence. Les flagelles **FL** (ici l'un d'entre eux, est représenté rabattu), donne la mobilité. Souvent un petit chromosome, appelé plasmide **PL**, est présent et apporte des informations non indispensables, qui permettent une adaptation à un milieu hostile (présence d'antibiotiques par exemple), un poil, dit sexuel, **ps**, favorise le transfert du plasmide à d'autres bactéries. Certaines bactéries produisent, quand l'environnement est défavorable, une spore (non représentée ici) aux enveloppes étanches, permettant de maintenir les capacités vitales, qui peuvent se manifester après 250 millions d'années ! (Vreeland *et al*, Nature, 2000, *407*, 897).

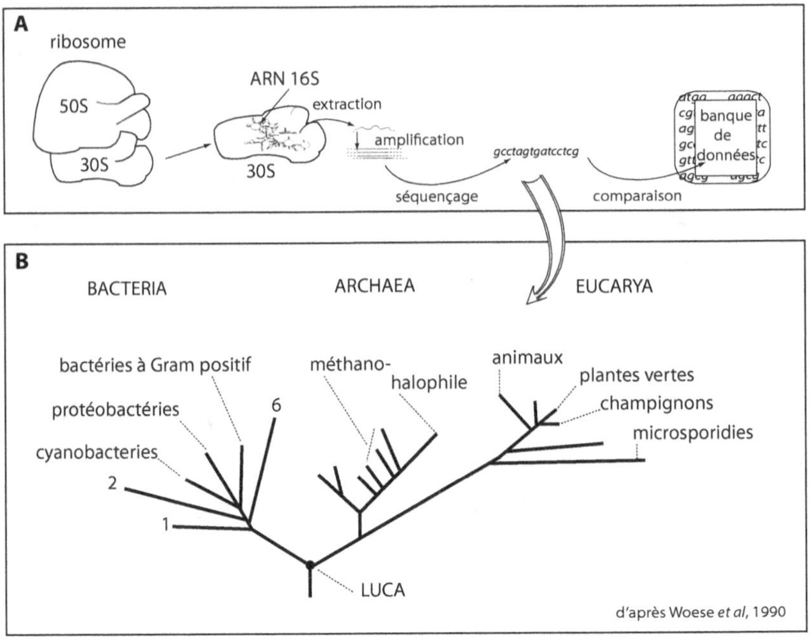

Figure II-5. **Séquençage du gène de l'ARN 16S, sous-unité 30S du ribosome** (75)

A : Identification des bactéries. L'ARN 16S est spécifique de chaque espèce bactérienne, mais aux deux extrémités 15 paires de bases sont communes à toutes les espèces. Après lyse bactérienne et obtention de l'ADN, le nombre de copies du gène de l'ARN 16S est augmenté (amplification) par PCR*, le produit de l'amplification est séquencé, pour chaque séquence obtenue des séquences homologues sont recherchées dans des banques de données (GenBank). Drancourt *et al* (17) ont montré, à propos de l'identification difficile de 177 bactéries, l'intérêt de l'analyse des séquences ADN du gène *rrs* de l'ARN 16S du ribosome.

B- Les trois domaines de la vie. En 1977, Carl Woese, de l'Université de l'Illinois, ville d'Urbana, publie un travail où il présente une séparation des bactéries méthanogènes (bactéries anaérobies qui réduisent le dioxyde de carbone en méthane, jusque là peu étudiées), des bactéries *typiques* (73, 74). Il tire ces conclusions de la comparaison des séquences de nucléotides de l'ARN 16S du ribosome des bactéries méthanogènes, à celles des bactéries *typiques*. Pourquoi avoir choisi ce repère (à cette date les techniques de séquençage de l'ADN n'était pas disponibles) ? Le ribosome, formé de protéines et d'ARN, est abondant dans les cellules et constamment présent puisqu'il détermine la synthèse des protéines. Il est assez stable du fait de ses fonctions mais ses séquences se modifient lentement permettant la détection de relations entre des espèces éloignées. Un mois après cette publication, il propose d'appeler ce troisième domaine *Archaebacteria*, en argumentant que les bactéries méthanogènes apparaissent très anciennes et qu'elles semblent bien adaptées à l'environnement qui devait exister il y a trois ou quatre milliards d'années (75). Ces bactéries étaient considérées comme présentes uniquement dans des environnements extrêmes, sources chaudes, trouées hydrothermiques dans les profondeurs marines, du fait des approches bactériologiques classiques. D'autres travaux apportèrent des arguments en faveur de similarité entre archaea et eucaryotes, et concoururent à crédibiliser l'existence d'un troisième domaine dans le monde du vivant : les **Archées** à côté des **Bactéries** et des **Eucaryotes.** Carl Woese n'aura de cesse de critiquer, jusque dans ses dernières années, le terme de Procaryote, (terme créé par Edouard Chaton (1925) pour désigner les cellules sans noyau et réintroduit en 1962, par l'excellent bactériologiste Roger Stanier) (64). Sa diatribe : "*Les microbiologistes auront un jour à admettre qu'en acceptant le terme procaryote, ils allaient posséder* Les habits neufs de l'Empereur", "*Microbiologists will some day have to admit that in accepting the procaryote, they were rejoicing in the Emperor's New Clothes*" (76) (habits qui n'existaient pas, de l'écrivain danois Hans C. Andersen). **Légende** : L'arbre de phylogénie universelle débute avec LUCA (*last universal common ancestor*). La longueur des branches représente la différence de similarité des séquences des ARN 16S entre les souches. Dans le domaine des Bacteria, les embranchements 1 et 2 sont les Thermotogales et les Flavobactéries et apparentés ; 6 correspond aux bactéries vertes. Dans celui des Archaea, deux phyla majoritaires, les *Crenarchaeota* (en général hyperthermophiles), et *Euryarchaeota* (dont les méthanogènes).

Tableau. **Classification des bactéries suivant leur ARN 16S** (d'après Woese 1987), (voir « Documents » p. 150).

Toutes les investigations effectuées dans l'Antarctique ne manquent jamais de rechercher des preuves de vie et parmi elles, celles qui concernent **la présence de bactéries**. La recherche la plus commune consiste actuellement à identifier un gène présent dans toutes les bactéries : le gène *rrs* (environ de 1.500 bases) de l'ARN 16S de la petite sous-unité du ribosome (60). De plus la détermination de sa séquence permet d'identifier l'espèce (figure II-5). Si l'on a les capacités à déterminer génétiquement la présence de bactéries détentrices d'une étincelle vitale, **l'obtention d'une culture est plus aléatoire**, il faut retrouver les composants permettant la croissance, certains inhabituels et d'autres sont peut-être encore à découvrir... il faut reproduire la pression d'une masse de glace et surtout être à bonne température. Les bactéries qui vivent aux basses températures sont qualifiées de psychrophiles ("*cold loving microbes*", selon Rosa Margesin, Institut de Microbiologie d'Innsbruck) (40).

Les vraies bactéries psychrophiles sont adaptées irréversiblement aux basses températures, elles peuvent vivre à une température inférieure à 0°C, mais ne peuvent plus se développer au delà de 20°C, la température optimale de croissance étant de 15°C.

Les bactéries qualifiées de **psychrotolérantes** ou **psychrotrophes** peuvent survivre à une température inférieure à 0°C mais la croissance optimale se situe au dessus de 20°C. Certaines sont des agents pathogènes chez l'homme : *Listeria monocytogenes*, présent dans le sol et la végétation, est l'agent de différentes infections particulièrement chez les sujets ayant une immunité cellulaire déficiente, *Yersinia enterocolitica*, présent chez les animaux (porc...) provoque des entérocolites fébriles, les Pseudomonas sont des agents d'infections variées...

Les vraies **bactéries psychrophiles** sont souvent marines et peuvent vivre aussi dans des environnements hostiles, en présence de sel (jusqu'à 3,5 % de NaCl, *Pseudoalteromonas haloplanktis*) (41), ou de fortes pressions hydrostatiques (30 MPa, *Shewanella violacea*) (12), des radiations nocives et d'autres situations. De nombreuses populations bactériennes sont concernées, vu l'étendue des surfaces où règne une température basse. Elles se sont adaptées et nous verrons les mécanismes mis en œuvre. Les organismes adaptés à ces températures appartiennent aux trois domaines : *Bacteria*, *Eukarya*, *Archaea*. Mais nous ne connaissons que 1 à 10% des bactéries vivant dans ces conditions. On pourrait détecter des bactéries non cultivables, vivant à basse température, par la recherche de leur ARN ribosomique, mais si elles restent non cultivables...

Revenons sur les bactéries psychrophiles vivant dans les régions froides, dont l'importance reste encore à préciser puisque, si la température moyenne de la Terre est de 15°C, 80% de la biosphère serait à une température voisine de 5°C (54). Plusieurs territoires sont glacés, (i) en particulier trois d'entre eux : l'**Antarctique**, on a vu tous les efforts entrepris pour récolter des bactéries ou le témoignage nucléique de leur présence, l'**Arctique**, désert de glace dont une partie est sur une terre dont la zone supérieure est le pergélisol (*permafrost*) avec ses ours polaires, **la glace** dans l'océan Arctique et (ii) trois types de milieux : à la **surface** de particules minérales, dans des **veines** liquides, et dans des **cristaux** de glace (55). Elles font partie des **bactéries extrêmophiles**, des bactéries se développant dans des conditions inhabituelles pour l'homme des climats tempérés. Parmi d'autres bactéries extrêmophiles, il y a les bactéries **thermophiles**, les *Microbes de l'enfer* de Patrick Forterre (21), comme *Pyrococcus abyssi*, isolé de source hydrothermique marine, cultivant à 92°C (68), *Thermotoga maritima* se développant dans des sédiments marins à 80°C (45) ou **acidophile**, comme *Sulfolobus solfataricus* vivant à un pH très acide de 2 et de plus à 80°C (59), ou encore **halophile** comme *Halobacterium* NRC-1, vivant dans des eaux en présence de 263 g/l de sel (33).

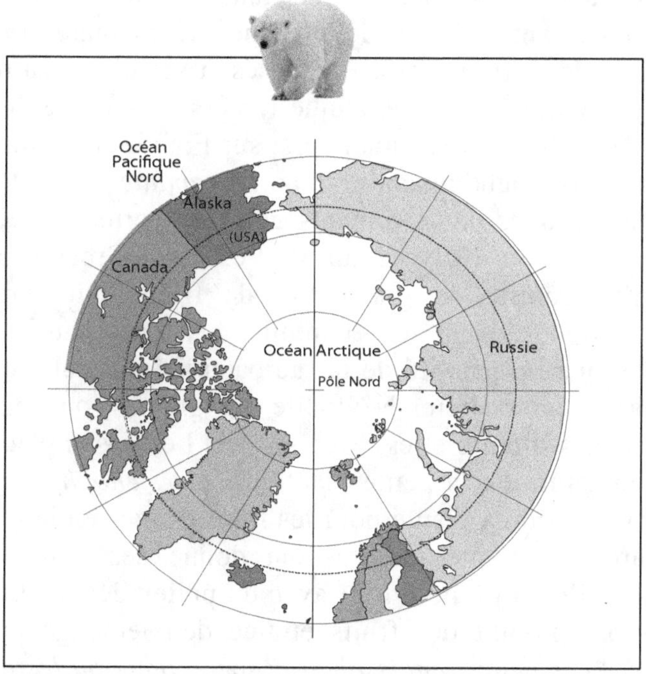

Figure II-6. **L'Arctique** *(E. Laurent, 2017)*

6- L'Arctique (Figure II-6) est aussi un espace où la vie est présente aux basses températures dans **le pergélisol** (ou *permafrost*), tout comme l'étude de l'Antarctique nous a indiqué que la vie, la vie bactérienne, la multiplication des bactéries existe dans les **milieux liquides**. Le pergélisol est défini par un sol dont la température est à 0°C ou en dessous, pendant au moins deux ans consécutifs. Il s'étend

sur 20% de la surface de la Terre, non seulement au niveau du pôle arctique, en Alaska, en Sibérie, mais aussi dans certaines régions de l'Antarctique, et dans les hautes montagnes.
Si l'Antarctique est un domaine où les Nations eurent la sagesse de consacrer leurs efforts à des activités scientifiques et où des Nations d'ordinaires rivales, s'entraidèrent, rappelons cet hymne à l'entente amicale de C. Lorius à Vostok (p.22), souvent lors de circonstances difficiles, il n'en fut pas de même dans la Sibérie, sous la domination soviétique.

Des chercheurs de l'Académie des sciences de Russie ont découvert, en 1996, à quarante mètres de profondeur, soixante-dix chambres souterraines - des terriers fossiles creusés et scellés il y a trente mille ans par des écureuils de l'Arctique... c'est ainsi que Jean Claude Ameisen (2) s'adresse à ses auditeurs, sur France Inter, dans le cadre de son émission hebdomadaire *Sur les épaules de Darwin*. Ces terriers, creusés dans des sédiments gelés en permanence, situés sur les rives de la rivière Kolyma, au nord-est de la Sibérie, contiennent une énorme quantité de graines et de fruits gelés, réserves de nourriture entreposée par les écureuils. Les chercheurs (80), après avoir vérifié que la quantité de la radioactivité naturelle du sol avait été insuffisante pour altérer la vitalité des graines, ont tenté de faire revivre certaines d'entre elles, avec succès. Les tissus placentaires de la graine immature de la petite plante, *Silene stenophylla*, ont donné des pousses que l'on a planté pour les faire grandir en laboratoire. Un an plus tard, les plantes adultes ont donné des fleurs, des fleurs blanches, que l'on a pu polliniser avec du pollen découvert à coté des graines et ont produit des fruits et une deuxième génération s'est développée. "*Les fleurs renaissaient d'une époque où les mammouths et les rhinocéros laineux arpentaient la région*" (JC. Ameisen). La vie s'était assoupie dans la graine de Silène, la vie avait provisoirement débranché le lacis des vaisseaux de la branche.

Jean Claude Ameisen rappelle que sur les rives de la rivière Kolyma s'étendra, à partir des années 1920, l'immense univers carcéral de l'Archipel du Goulag, où furent déportées des millions de personnes. L'écrivain Varlam Chalamov racontera dans les *Récits de la Kolyma* ses dix-sept ans d'enfermement dans le Goulag et dans l'un d'eux, *La résurrection du mélèze*, il citera l'histoire d'une branche de mélèze de

Sibérie, des rives de la Kolyma, un mélèze qui devait être vieux de six cents ans, une branche envoyée à Moscou, à la veuve du poète Ossip Mandelstam, par un ancien prisonnier. La branche de mélèze, mise dans un bocal d'eau, reprit vie, le jour anniversaire de la mort du poète à Kolyma, "*l'odeur du mélèze était faible, mais nette et aucune force au monde n'aurait pu effacer, étouffer cette odeur, éteindre cette lumière, cette couleur verte*" (Chalamov).

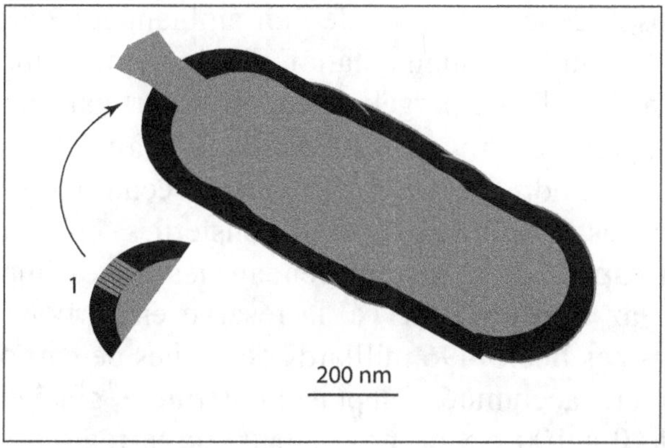

Figure II-7. **Le virus géant *Pithovirus sibericum* isolé du pergélisol sibérien.** Ce virus a une grande taille (1,5 x 0,5 microm) rappelant celle d'une bactérie, avec une extrémité obturée par un genre de bouchon, rappelant une jarre grecque (*pithos*) pour stocker vin ou nourriture, d'où le nom qui lui fut donné par Jean-Michel Claverie et Chantal Abergel (Institut de Microbiologie de la Méditerranée). JM Claverie aurait dit "*nous sommes français, nous devions introduire le mot* vin *dans cette histoire*".... Si le bouchon est absent, la capside du virus présente une structure grillagée (1). Ce virus contient un ADN pouvant coder 467 protéines (36). **Bandeau**. Dimensions de quelques virus représentés par leur enveloppe entourant une capside protéique. Le plus petit virus est sans enveloppe (virus de l'hépatite A, 25 nm*). Viennent ensuite le virus de la rubéole, de la grippe, de l'immunodéficience humaine (VIH), de l'herpès, et de la variole (450 nm). Les virus ne contiennent qu'un seul type d'acide nucléique : ARN (hépatite A, rubéole, VIH, grippe) ou ADN (herpès, variole).

Le 3 mars 2014, le CNRS diffusait un communiqué de presse "*Découverte d'un nouveau type de* ***virus géant*** *âgé de plus de 30.000 ans*", ce virus provenait de la profondeur du **pergélisol** de l'extrême Nord Est de la Sibérie et avait gardé son pouvoir infectieux ! Il pouvait en effet se répliquer, se multiplier, dans une amibe, tout comme le ferait un de nos virus actuels dans une cellule. Le 18 mars 2014, de nombreux détails étaient donnés dans le PNAS (36) (figure II-7). Un virus, cette *parcelle* d'ADN avec quelques comparses enzymatiques, avait réveillé l'étincelle tapie dans les dédales des voies cellulaires.

Le pergélisol a une épaisseur de plusieurs centaines de mètres et peut atteindre 600 m et au delà, en Sibérie orientale. Sa température, à la surface du sol, dépend de celle de l'air ambiant et en profondeur, du gradient géothermique (augmentation de la température quand on s'enfonce dans le sol). Le pergélisol est recouvert par une **zone active** qui dégèle en période estivale ; elle correspond à une mince bande de terre qui peut atteindre quelques dizaines de centimètres d'épaisseur. Actuellement les scientifiques sont consternés en constatant une **dégradation rapide** de ce terrain, rendant les routes impraticables et libérant des **gaz a effet de serre**, la réserve en carbone est en effet immense dans ces lieux [496 milliards de tonnes de carbone d'origine végétale ont été accumulés, depuis la dernière glaciation, dans le pergélisol (de 0 à 100 cm de profondeur) de la région circumpolaire nord] (67). Dans la région arctique du Canada, des millions de mares apparaissent lorsque le pergélisol dégèle, des fragments de sol se détachent et tombent dans l'eau, apportant des nutriments et permettant la croissance de bactéries aérobies, qui éliminent du dioxyde de carbone, et de bactéries anaérobies, du méthane, deux gaz à effet de serre. Le carbone de ces gaz date de plus de 20.000 ans, démontre la réalité du relargage du carbone primitivement stocké (10). **En profondeur** le pergélisol n'est pas dépourvu d'eau ; cette eau se présente sous deux formes : une petite fraction est liquide à -20°C (52), et constitue un film enveloppant les particules organiques et minérales, une autre apparaît sous l'aspect de galets d'eau glacée ou de saumure (*cryopegs*) à -10°C - 20°C, provenant de la présence de l'océan arctique dans les temps géologiques, il y a environ 100.000 à 120.000 ans, et dont le contenu reste liquide du fait de la forte teneur

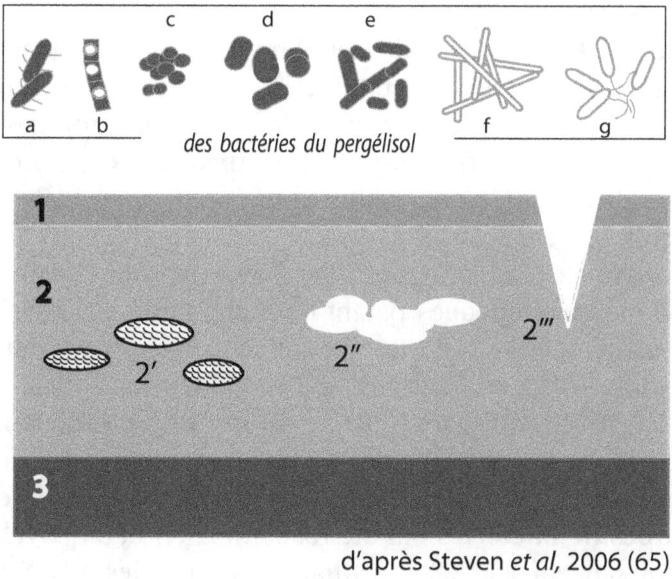

Figure II-8. **Coupe schématique d'un pergélisol.** (1) zone active (de moins de 0,5 m à 2-3 m ; la température varie avec la température de l'air ambiant. (2) pergélisol ; la profondeur va de 0,5 m à environ 1.450 m, la température évolue de 0°C à -27°C et reste stable quelle que soit la saison. (3) zone profonde gelée. (2') *cryopeg*, galet d'eau de mer des temps géologiques. (2'') *talik*, zone de sol dégelé toute l'année. (2''') coin de glace. D'après Steven *et al* (65). **Bandeau** : quelques bactéries (représentées par leur morphologie) présentes dans le pergélisol de la région de Kolyma, de gauche à droite : (a) *Bacillus* mobiles; (b) certains avec une spore; (c) *Micrococcus*; (d) *Arthrobacter*; (e) *Cellulomonas*, *Rhodococcus*; (f), *Flavobacterium*; (g) *Pseudomonas*. Les bactéries en gris foncé sont à Gram positif, les bactéries claires sont à Gram négatif. Liste partielle d'après (70).

---

en sel (170 à 300 g/l) (24) (figure II-8). Les sols argileux permettraient de maintenir un film d'eau liquide jusqu'à -60°C (46). La présence de bactéries avant la glaciation peut donc dater de plusieurs millions d'années et les couches les plus profondes constituer un véritable musée.

Les bactéries englouties dans le pergélisol depuis de nombreuses années peuvent-elles garder une certaine vitalité ? les basses températures, les conditions nutritives permettent-elles le maintien d'un métabolisme ?

7- Présence de bactéries viables dans le pergélisol. Les bactéries sont mises en évidence par culture. Une équipe américano-russe a publié un travail très sérieux en pratiquant des forages dans le pergélisol du **territoire de Kolyma-Indigirka** dans le nord-est de la Sibérie, au delà du Cercle polaire arctique (figure II-9) (60). Les prélèvements ont été réalisés dans des sédiments datant de la fin du Pliocène et Pleistocène, à des profondeurs allant de 2,2 m à 32,0 m, correspondant à des époques datant de 5 à 8 mille ans à 3,0 millions d'années. La température du terrain est influencée par la température extérieure (de +5°C en juillet à -32°C en février), mais elle reste constante (-10°C) à partir de 14 m de profondeur. Après ensemencement des prélèvements en milieu liquide aérobie et incubation à 30°C de 24 à 120 h, puis isolement sur milieu solide, **deux groupes de bactéries** ont été recueillis : (**i**) **deux psychrophiles** (pas de croissance à +30°C), s'affiliant aux bactéries à Gram positif à Haut GC*, comme *Arthrobacter* sp, l'une, provenant de 6,1 m de profondeur, dans un terrain datant de 3-4 x 10^4 années ; l'autre, jusqu'à 13,7 m de profondeur, dans un terrain de 1,8 x 10^6 années, (**ii**) **les vingt-sept** autres bactéries, s'égrènent de -2,2 m de profondeur à -32 m (3 millions d'années) et, après séquençage du gène de l'ARN 16S, appartiennent à quatre groupes.

Les résultats présentés ont été obtenus dans des conditions rigoureuses. La nature des bactéries peut surprendre : (i) il n'y a que **deux bactéries psychrophiles**, mais on a déjà noté que ces bactéries sont surtout marines, (ii) la présence de **bactéries proches des Entérobactéries** (bactéries de l'intestin) situées très en profondeur et gelées depuis 40.00 à 50.000 années, est étonnante mais bien réelle et n'est pas le témoin d'une contamination. Des trois bactéries présentes dans l'environnement, *Rhodococcus fascians* est réputée phytopathogène.

La mise en culture a montré une vitalité rapide dans des conditions standards ce qui suppose que ces bactéries devaient maintenir des fonctions nécessaires à leur survie, en particulier la réparation des lésions de l'ADN causées par les radiations et un métabolisme, minimum, malgré le froid et l'environnement nutritif réduit. En outre

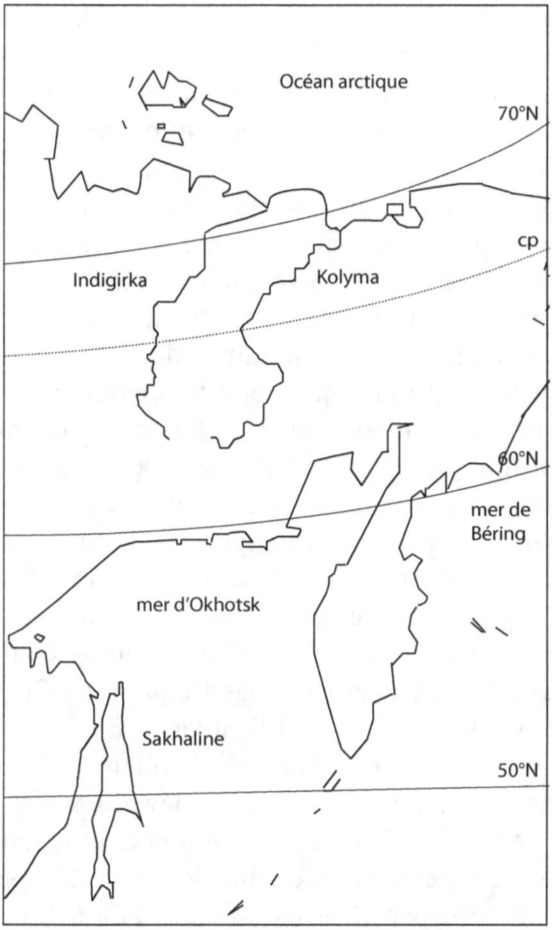

Figure II-9. **Carte schématique de l'Est de la Sibérie.** Les deux fleuves, le Kolyma (2.129 km) et l'Indigirka (1.726 km) se jettent dans l'Océan Arctique. Le Cercle polaire (cp) arctique est à 66° 33' 39'' N. La ville de Vladivostok est plus au sud (43°10'N ; 131°56'E), à environ 3.600 km de l'embouchure de la Kolyma.

---

des scientifiques russes ont déjà isolé d'autres catégories de bactéries comme des bactéries anaérobies strictes, des bactéries réduisant les sulfates (article en russe).

Les Canadiens Blaire Steven *et al* ont fait, en 2006 (65, 66), une revue très complète de **la biodiversité microbiologique des pergélisols des régions glacées** (Sibérie, Canada, Antarctique). Après s'être assuré qu'aucune contamination ne vienne du forage, on est surpris de la diversité des bactéries que l'on récolte : bactéries se développant en présence de dioxygène ou non, oxydant le soufre ou le réduisant, ou ayant besoin de matières organiques pour s'approvisionner en carbone etc... en tout, **une trentaine de genres bactériens** ont été identifiés, les Archaea sont présentes, dont les méthanogènes (38) mais aussi des champignons microscopiques et des levures, les zones les plus riches en microorganismes sont les régions arctiques et les *cryopegs*. Les bactéries apparaissent plus comme **psychrotrophes** que psychrophiles. La densité bactérienne dépend plus de l'âge du pergélisol (elle est faible dans les zones les plus anciennes, ce qui paraît logique) que de la température. Les bactéries ont des **caractéristiques particulières**. Elles ont une plus grande tolérance au sel et une plus forte résistance aux basses températures (jusqu'à -90°C dans *l'eau distillée*, selon Vorobyova, 2001 (71), alors qu'il faut normalement la présence de glycérol). La taille de la cellule est réduite, elle est souvent inférieure à un micromètre (N.B. : *E. coli* : 2 à 6 µm). Les capsules entourant la bactérie sont renforcées, les parois sont plus épaisses, mais il n'y a aucun cristal de glace intracellulaire (65). Des prélèvements par l'équipe de Steven (66), à l'extrême nord canadien (ile de Ellesmere) à neuf mètres de profondeur, en mai 2003, ont mis en évidence des **bactéries cultivables** psychrotolérantes (certaines se développant à -5°C), ou halotolérantes. A cette température se développent également toutes les bactéries isolées du permafrost datant de **3,5 millions d'années**, dans l'est de la Sibérie, par De-Chao Zhang *et al,* 2013 (82). La recherche du gène de l'ARN 16S a mis en évidence chez les Bacteria, un grand nombre de familles où prédominent les Actinobacteria et les Proteobacteria et chez les Archaea, de nombreux clones sont le plus souvent halophiliques. **L'influence de la saison** sur la flore bactérienne de la partie active du pergélisol de Svalbard (archipel norvégien) est faible sur le compte bactérien, mais notable sur la nature des bactéries : augmentation des cyanobactéries en juin, ainsi que des Proteobactéries-α (57).

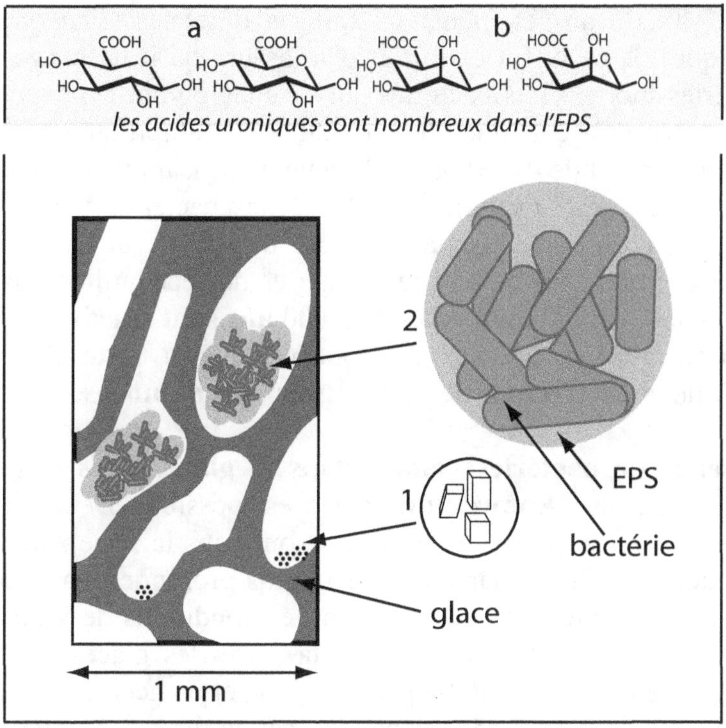

Figure II-10. **La glace est sillonnée de pores.** (1) : les sels précipitent : le carbonate de calcium à -2,2°C, le sulfate de sodium à -8,2°C, le chlorure de sodium à -22,9°C. (2) : les bactéries (*Pseudoalteromonas* sp.) produisent un exo-polysaccharide EPS en quantité importante quand la température s'abaisse (les dimensions relatives entre les différentes représentations ne sont pas respectées, les bactéries ont 2 à 5 nm de longueur). **Bandeau** : les acides uroniques représentés sont deux molécules d'acide β-D-glucuronique (a) et deux molécules d'acide β-D mannuronique (b).

Les bactéries sont métaboliquement actives : l'incorporation d'un composé ou la détection d'un produit peuvent être mis en évidence :
(i) Incorporation à -15°C-, -20°C de glucose (24), de leucine (29), d'acétate (52), (ii) Production de méthane (53), d'acide gras (82).

Les bactéries sont réellement survivantes dans le pergélisol, et non en dormance comme dans les spores. Elles peuvent réparer leur ADN dont la fragmentation est inéluctable avec le temps, alors que les spores en dormance ne le peuvent pas (27). Des échantillons de pergélisol furent collectés, datant de plusieurs époques, depuis les temps actuels (prélèvement à -0,5 m du sol de la toundra de Kolyma) jusqu'à 740.000 ans et même un million d'années (*Beacon Valley*, Antarctique). L'ADN fut extrait et on s'assura qu'il ne provenait pas de bactéries mortes. Les bactéries survivantes purent **réparer l'ADN** (dont une base, la cytosine, était modifiée) et amplifier un fragment d'ADN ribosomal de 4.000 bases, longueur suffisamment grande pour s'assurer que l'amplification était due à des bactéries viables. Cette viabilité fut corroborée par une mesure directe de la production de CO_2, par ces bactéries. Seules les bactéries des échantillons datant de 7.000, 10.000, 21.000, **400.000 – 600.000 ans sont survivantes**. Cette publication n'a pas suscité de controverse, on reste donc assez stupéfait de la **persistance de la vie après tant d'années...**

Présence de bactéries viables dans la glace. Dans la **glace** de **l'Arctique** ou de l'**Antarctique** la vie est possible. Deux situations peuvent être envisagées : les bactéries sont dans la zone superficielle de la couche glacée ou dans la zone la plus profonde. **En superficie**, les microorganismes sont nombreux et les conditions de vie diffèrent suivant la saison (19). A l'automne, la prise des glaces, vers -5°C, provoque une diminution de la phase liquide et un accroissement de la concentration des solutés dans la saumure, en particulier la concentration en chlorure de sodium. La viscosité de l'eau augmente et le pH diminue. La solubilité des gaz, dioxyde de carbone et oxygène, diminue, favorisant les microorganismes se contentant de faible concentration en oxygène. En été les processus s'inversent, des étendues d'eau de fonte des glaces naissent, leur salinité est faible et l'ensoleillement favorise les organismes qui tirent leur énergie de la photosynthèse. **En profondeur**, même à très basse température (jusqu'à – 20°C), la glace est sillonnée de pores dans lesquels circule de l'eau saumâtre, dont le point de congélation est abaissé en raison de la forte concentration en ions, et où les bactéries trouvent refuge (figure II-10). Les protéobactéries γ prédominent parmi une grande diversité bactérienne (7). Un bacille (*Psychromonas ingrahamii*) isolé de la « *glace de mer* » dans l'Arctique se développe à -12°C, avec un temps de doublement de 240 h (6, 51). Deux bacilles primitivement isolés du sol, manifestent leur vitalité dans la glace de -4°C à -33°C (3). Les bactéries peuvent même être à l'intérieur d'un cristal de glace et bénéficier de la diffusion de molécules de gaz (CO^2, O^2, N^2 ...) leur permettant de maintenir un certain métabolisme jusqu'à 10^5 ans (55).

On peut confirmer à nouveau que les très basses températures ne sont pas néfastes pour la vitalité bactérienne. D'ailleurs il est habituel de ***conserver*** les souches bactériennes (mises en suspension dans une solution de glycérol à 20%) à -80°C, voire dans l'azote liquide (-196°C), alors qu'à -20°C, leur conservation n'est assurée que pour quelques mois. Mais jusqu'à quelle température manifestent-elles une ***vitalité***, un métabolisme décelable ? Buford Price *et al* (48), dans un bilan bibliographique, publié dans le très sérieux *PNAS,* sur la croissance microbienne en fonction de la température, vont jusqu'à préciser que, à - 40°C, dans la glace, il y a encore 10 *turnovers** de carbone cellulaire par milliard d'années...

Avant de clore ce bref paragraphe sur les bactéries des grands froids, rappelons le rôle des **Archaea anaérobies** dégradant le carbone organique en **méthane** dans les profondeurs du pergélisol et le **retentissement sur l'effet de serre**. Si ce rôle est difficilement appréciable, par contre celui des hydrates (ou clathrate) de méthane pouvant se former dans les sédiments d'importants bassins sédimentaires, sous la couche de glace, est connu. Nous avons déjà rappelé les travaux de Claude Lorius et de ses collaborateurs. Entre 300 et 700 m dans l'Antarctique Ouest et Est, on admet que 21.000 de pétagrammes (soit 21 x 10^{18} g) de carbone organique sont enfouis sous la glace de l'Antarctique et une quantité équivalente serait présente dans le permafrost de l'Arctique (72). L'émission de méthane est même favorisée chez certaines Archaea psychrophiles par une adaptation au froid (induction d'ARN particuliers) (37). Mais globalement, l'émission atmosphérique a été responsable de 20% du réchauffement de la Terre depuis les temps pré-industriels. La production de méthane, à partir des écosystèmes aquatiques et des zones de pergelisol se décongelant temporairement, s'accentue avec l'augmentation saisonnière de la température (de 57 fois entre 0°C et 30°C) (81).

Il est à noter que la plupart des travaux concernant les bactéries du pergélisol sont subventionnés par l'administration américaine de l'aéronautique et de l'espace (NASA), le pergélisol étant considéré comme un modèle de l'environnement de la planète Mars, l'eau y étant gelée dans une couche de poussière, la régolithe (*couverture – pierre*) (52).

Les basses températures imposent des contraintes sur les fonctions cellulaires prévues pour un *climat tempéré* et qui doivent s'adapter à ce nouvel environnement. Une première explication pourrait être obtenue par l'étude de bactéries pouvant se développer dans une gamme de températures étendue. Debora F. Rodrigues *et al* (54), de l'Institut d'Astrobiologie de la NASA, ont décrit une bactérie (*Exiguobacterium sibiricum*) isolée du pergélisol sibérien datant de 3 millions d'années, pouvant croitre de -5°C à 39°C. L'analyse des protéines produites à différentes températures de culture, a mis en évidence qu'à -2,5°C, 27% des protéines étaient différentes de celles de bactéries ayant été cultivées à 28°C alors qu'elles ne sont que de 5,2% à 39°C, comparées à la culture à 28°C. Une liste de protéines modifiées a été proposée par les auteurs, mais 27,7% des gènes codant les 3.015 protéines n'avaient pas encore de fonction connue. Ultérieurement une enzyme (superoxyde dismutase) de *E. sibiricum* a été comparée avec celles de 21 bactéries extrémophiles (47), mais les études concernaient plus la recherche de structures consensus que les structures permettant l'adaptation aux basses températures.

Aux basses températures, les membranes deviennent plus rigides, les interactions ADN – ARN se paralysent, les enzymes s'étiolent, l'eau devient plus visqueuse, les solutés diffusent plus lentement, le pH, la pression osmotique se modifient. Des bactéries vivent néanmoins dans ces conditions, et on a vu que certaines cherchent des refuges, des niches, comme les veines hypersalées dans les glaces où elles trouvent des matières organiques ou d'autres bactéries ajustent leur position dans les colonnes verticales d'eau en produisant des vacuoles de gaz (25). Alors quelles sont **les autres dispositions prises par ces cellules** pour se maintenir dans cet environnement qui nous apparaît si hostile ?

N.B. La dénomination de **bactérie viable mais non cultivable** est apparue en 1982 après les études de Rita Colwell et de ses collaborateurs (Université du Maryland (78). Les travaux sur *E. coli* et les vibrio dans les estuaires marins mirent en évidence que les comptes bactériens effectués par examen au microscope étaient supérieurs à ceux obtenus après culture. Les bactéries non cultivables étaient cependant viables quand on les mettait hors de stress. Plus de cent espèces bactériennes peuvent devenir non cultivables, mais toujours viables. Le réchauffement, la diminution de la pression osmotique, l'adjonction de surnageant de culture produisant des molécules participant au *quorum sensing**, etc. ressuscitent les bactéries qui deviennent cultivables.

III- La vie des bactéries aux basses températures

Les basses températures gèlent les réactions enzymatiques et les fonctions des bactéries mésophiles vivant habituellement dans un environnement qui nous est familier. Selon la loi d'Arrhenius (cf. *infra*), une chute thermique de 10°C, provoque une diminution d'un facteur 2 à 3 du taux d'une réaction, quant à l'activité d'une enzyme mésophile, elle diminue de 16 à 18 fois quand la température de la réaction diminue de 37°C à 0°C.

Qu'en est-il des **bactéries psychrophiles** se développant à une température optimale de 15°C, avec un maximum thermique à 20°C et un minimum se situant vers 0°C ou en dessous (89) ? Les nouvelles approches de l'étude de l'organisation bactérienne (génome, transcriptome, protéome) révèlent de nombreuses modifications dans la composition protéique de ces bactéries (17).

Mais peut-on préciser les **limites extrêmes des températures** tolérées par les psychrophiles ? La vie peut être caractérisée par la manifestation d'une **activité métabolique** (appréciée par l'incorporation de l'acétate marqué en ^{14}C dans les lipides par un ensemble de bactéries du pergélisol) : elle est encore présente à -20°C (108), -32°C selon Bakermans (6,7). Mais cette activité permet-elle une croissance (20, 99) ? Dans le pergélisol arctique à -15°C, *Planococcus halocryophilus* maintient une **croissance** (90). Une équipe multinationale (61) a montré que des échantillons datant de 500.000 ans présentaient des bactéries survivantes, essentiellement des Actinobactéries à Gram positif. Ainsi la comparaison de groupes bactériens isolés des glaces de l'Antarctique (température moyenne annuelle en surface -22°C) (30), l'un datant de 100.000 ans, l'autre de 8 millions d'années, met en évidence que si les deux peuvent incorporer de la leucine et de la thymidine dans leurs protéines et leurs acides nucléiques, seules les bactéries les plus récentes peuvent donner une culture à + 4°C (12). Il est démontré que cette différence est due à des dommages de l'ADN, qui, malgré quelques retouches (61), surviennent avec le temps.

Dans toutes les éventualités, la bactérie est dans un milieu ayant un certain degré d'humidité. **L'eau** peut rester liquide, en surfusion, à des températures bien en dessous de 0°C. Les molécules d'eau sont faiblement associées entre elles par des liaisons hydrogène. Lorsque les molécules s'associent entre elles pour former des tétraèdres (pyramides à quatre faces), l'eau gèle totalement, mais il faut atteindre - 48°C ! (88). Nous avons déjà signalé que la présence d'ions, de NaCl, abaisse le point de congélation, quant à l'acide lipoteichoïque, un biopolymère présent dans la paroi des bactéries à Gram positif, il augmente la tolérance des bactéries au froid, sans que le mécanisme soit élucidé (106). Dans le pergélisol, la concentration en cellules viables reste plus élevée qu'en milieu liquide. Le cytoplasme bactérien échappe à la cristallisation de ses interstices aqueux grâce à des protéines antigels (cf. *infra*). Mais la synthèse des **gènes fondamentaux**, les gènes *de la maison* (*house keeping genes*) n'est pas altérée.

Les réactions aux basses températures sont plus facilement repérables avec les bactéries mésophiles. Toutes les bactéries expriment une réaction rapide : un *choc au froid*. L'arrêt de la synthèse des protéines est immédiat, seuls quelques gènes sont activés et donnent la synthèse de **protéines de choc**. Le cœur de la cellule (ADN, ARN, synthèse protéique) est atteint mais les réponses, que nous allons détailler, s'organisent : les chaperones aident les protéines à se conformer correctement, des protéines antigels et des substances cryoprotectrices évitent les délabrements intracellulaires, la membrane cellulaire s'assouplit, lève les barrières et permet les échanges avec l'extérieur, un manteau de polysaccharide atténue les rigueurs du froid (95).

1- Les protéines de choc au froid

Les protéines de choc au froid chez les bactéries mésophiles sont connues : l'exemple de *Escherichia coli.*

Cette bactérie a pour gite habituel le colon et dans son état natif, quand elle n'a pas reçu de gènes maléfiques, elle est **commensale** et contribue à la digestion de substances récalcitrantes qui sont absorbées par l'organisme ; elle apprécie cette ambiance conviviale au sein de 100.000 milliards de microorganismes constituant le microbiome intestinal (103), ainsi que la température constante de 37°C qui règne dans cette niche. Mais que se passe-t-il quand on précipite *E. coli* **dans un milieu à 10°C ?** La synthèse de nombreuses protéines est *dramatiquement* réduite (Pamela Jones) (62), sauf treize protéines dont le taux peut augmenter de trois à 300 fois. Cette observation permettra à Joel Goldstein de découvrir, en 1990 (45), la *cold shock protein* A (CspA), dont le pourcentage atteint 13% des protéines totales. L'étude de la réaction au *choc au froid* est grandement facilitée avec *E. coli*, dont la physiologie a été scrutée depuis de nombreuses années, rappelons les travaux de Jacques Monod *et al*, depuis 1942 (87), en passant par 1961 (58) et au delà…

Le passage d'une culture en milieu nutritif liquide, de 37°C à 15°C arrête la croissance pendant une période d'acclimatation de trois à six heures. Pendant cette phase, l'expression de certains gènes est inhibée alors que celle d'autres est favorisée, en d'autres termes, la synthèse de nombreuses protéines est bloquée, alors que la synthèse d'autres protéines est activée : les **protéines de choc** (protéine **CSP**, *cold shock protein*) protègent les activateurs de la vie cellulaire contre le froid, puis la synthèse de ces protéines diminue au profit des **protéines d'acclimatation** au froid, synthétisées tout au cours de la période où la bactérie est maintenue aux basses températures (11, 13, 27, 53, 54). Finalement la synthèse protéique reprend, mais la croissance à 15°C est plus lente (figure III-1).

(Un exemple de culture bactérienne avec production de CAP, sera donné avec une bactérie psychrophile, *Pseudoalteromonas haloplanktis*).

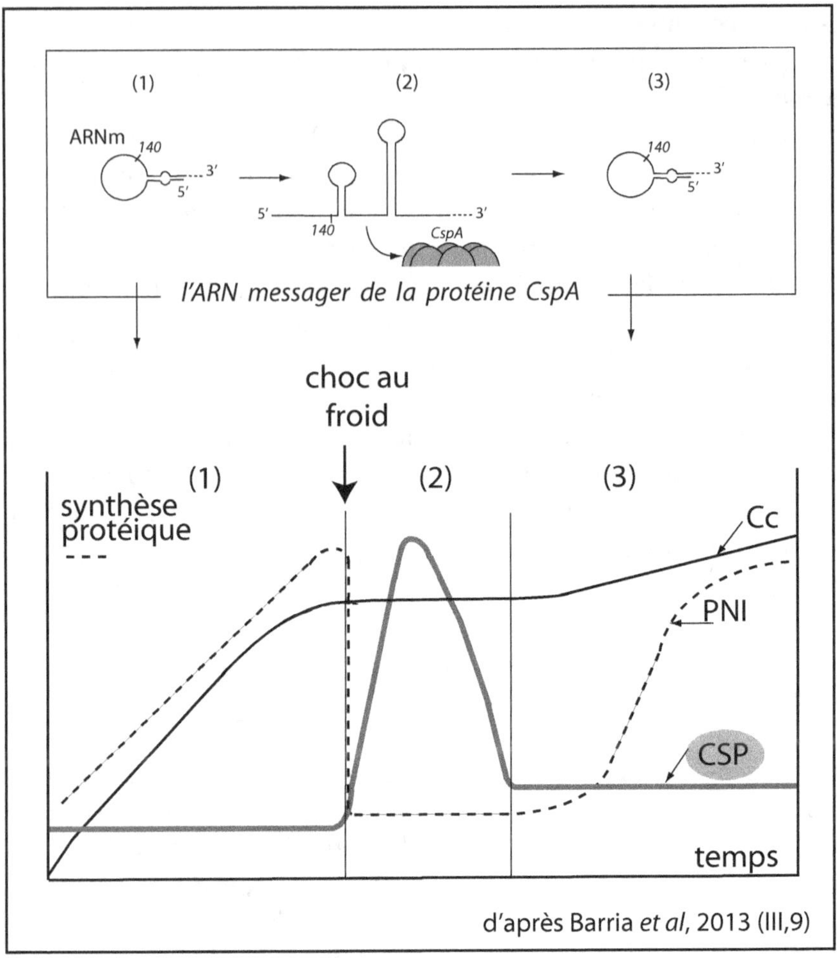

Figure III-1. **Evolution de la synthèse protéique, dans une bactérie mésophile, au cours du choc au froid.** La masse protéique de la culture, au cours de la croissance Cc, évolue en trois phases : (1) croissance exponentielle, (2) acclimatation, (3) croissance après adaptation au froid. La synthèse des protéines induites par le froid (*cold shock protein* CSP, dont CspA), apparaît au début de la phase d'acclimatation. Les protéines induites se lient aux acides nucléiques simple brin (56) et disparaissent presque totalement à la fin de cette phase, alors que la synthèse des protéines non induites PNI est totalement arrêtée pendant la phase d'acclimatation et réapparait progressivement au cours de la phase (3) (d'après (9, 56). **Bandeau**. L'ARN messager ARNm de la protéine CspA est non fonctionnel au cours des phases (1) et (3). (2) : l'ARN messager subit un réarrangement au niveau de son extrémité 5' UTR (*untranslated region*) (repère : nucléotide n° 140) après un choc au froid et code pour la protéine CspA (d'après 43, 70).

La ***cold-shock protein*** **A (CspA) qui vient d'apparaître, a un rôle protecteur de l'ARN** (35, 45, 60, 91) et a été particulièrement bien étudiée. Elle présente une structure en tonneau avec un corps central ramassé et hydrophobe, et une surface avec des motifs aromatiques permettant une **interaction** avec l'ARN simple brin (38). Cette interaction empêche la formation de structures secondaires chez les ARN messagers, la protéine agissant comme une **chaperone** (cf. *infra*). Elle permet donc la translation de l'ARN messager des protéines et la régulation de la transcription à basse température.

La protéine CspA et les ARN messagers ont d'autres rapports que l'effet protecteur de l'un sur la structure de l'autre. **La synthèse de CspA dépend directement d'ARN messager,** selon un processus assez inhabituel, qui a été simplifié dans la figure III-1. La synthèse de la protéine CspA augmente quand la demi-vie de son ARN messager (ARNm) augmente, lorsque la température diminue (50, 94). **La régulation** fine de la production de la protéine CspA n'a pas lieu au niveau du gène mais de son ARNm :

1-**ARNm inactif à 37°C** (*phase 1*), pas de protéine CspA, alors que la bactérie est en phase exponentielle de croissance. En effet l'ARNm contient en position 5' une séquence nucléotidique peu traduite (dite 5'-UTR avec une séquence de 11 bases appelée *cold box*), la demi-vie de l'ARNm de CspA est très courte, de 10 à 47 secondes, la protéine est donc pratiquement indétectable.

2-**ARNm devient rapidement actif à 10°C** (*phase 2*), par suite d'un réarrangement au niveau de son extrémité 5', sa demi-vie augmente jusqu'à 15 minutes, la protéine CspA est alors synthétisée en quantité (la proportion atteint jusqu'à 10% des protéines cellulaires) (9, 43, 85, 126).

3- **l'ARNm devient moins stable** lorsque l'adaptation au froid a été obtenue, *phase (3),* et le taux de CspA diminue.

L'évolution de la stabilité de l'ARNm est due aussi à la fixation d'une **protéine Hfq** (28, 121,130).

Cet ARNm, dont l'activité dépend de la température (43), est donc un **thermo-senseur**. D'autres ARN avec la même structure ont été considérés comme des facteurs d'adaptation aux basses températures (chez les Archaea méthanogènes par exemple) (74).

Et les protéines de choc au froid chez les psychrophiles ?

Le passage à +4°C d'une vie encore possible à 20°C, provoque-t-il un choc au froid ? Chez les bactéries **psychrotrophes** (dont la température habituelle de croissance est supérieure à 20°C), la situation est proche de celle des mésophiles. **Les protéines de choc**

au froid, analogues à CspA, sont synthétisées, leur nombre s'accroissant avec la sévérité du choc. L'analyse du répertoire de gènes d'une bactérie psychrotrophe, productrice de méthane, isolée du plateau tibétain, *Methanolobus psychrophilus*, dont la culture passe de 18°C à 4°C, met en évidence une modification de l'expression de près de 40% de son génome. Plus de 10% du génome sont inhibés (en particulier les gènes pour la méthanogénèse) alors que 29% sont surexprimés (21). Par contre chez les vrais **psychrophiles** (dont la croissance n'est plus possible au delà de 20°C), comme *Pseudoalteromonas haloplanktis*, dont nous verrons ultérieurement les caractéristiques (la bactérie peut survivre à -20°C), la diminution brutale de la température n'est pas suivie de l'apparition de protéine induite comparable à CspA. Le passage brutal de la température de la culture de **18°C à 0°C** donne un *arrêt de la croissance* persistant six heures. Dix-sept protéines sont réprimées dont cinq sont des protéines de choc thermique ayant une activité chaperone (DnaK, GroEL...) intervenant dans le repliement des protéines. Le passage de **18°C à +4°C** est moins risqué : il augmente simplement le temps de génération (de 100 à 240 minutes), 300 protéines sont peu abondantes, la moitié étant impliquées dans le métabolisme général, en particulier oxydatif (97, 98 120). L'ambiance thermique habituelle des psychrophiles étant de +4°C, il apparaît logique que cette température ne déclenche pas un état de stress. Mais existe-il des **protéines de choc thermique**, quand la température dépasse 20°C ? Une étude canadienne, datant de 1986, sur l'influence des chocs thermiques allant jusqu'à 35°C, appliquée à une bactérie arctique psychrophile, met en évidence une synthèse d'au moins dix-neuf protéines (79).

2- Les chaperonines

Tout stress, en particulier une chute thermique, provoque une agrégation des protéines par interaction de leurs domaines hydrophobes. Des protéines, que l'on a appelé **chaperonines**, empêchent ces interactions, voire même rompent toute liaison incorrecte qui pourrait se former.

La dénomination fait référence à un mot commun aux langues française et anglaise, le *chaperon*, coiffure à bourrelet du moyen âge, devenu un peu plus tard, *dame âgée* surveillant la conduite d'une jeune fille. Le mot aurait été repris, en 1978, par Ron A Laskey (71) du Wellcome/CRC Institute de Cambridge (UK) pour désigner la protéine nucléaire qui empêche des agrégats de protéines et en 1988, par Sean Hemmingsen du National Research Council (Canada) (55) : ce dernier appela chaperonines, les protéines chaperones dont la présence est quasi universelle (46) et dont la fonction est d'**aider au repliement correct** de certains polypeptides venant d'être synthétisés. Cette décision était bienvenue car il fallait unifier l'appellation de ces protéines ayant une dénomination complexe (Dnak...GroEL...), car identifiées avant que leur fonction *chaperon* ne soit reconnue.

Parmi les chaperonines aidant au repliement non covalent des polypeptides, une protéine *gâchette* (***trigger factor***) (44) est la première à intervenir. Elle aide au repliement de deux manières : en maintenant allongée et en protégeant la chaîne hydrophobe naissante du ribosome et en accélérant l'activité isomérase *cis-trans* de la liaison peptidyl-propyl. Chez ***E. coli***, la synthèse du facteur est induite quand la température s'abaisse de 37°C à 10°C. A +4°C, elle augmente la vitalité de la bactérie. Le *trigger factor* agit avec d'autres chaperonines, DnaK-DnaJ, GrpE, GroEL-GroES (8) (figure III-2). Chez la bactérie psychrophile ***Pseudoalteromonas haloplanktis***, le *trigger factor* est nettement produit à +4°C et a les deux mêmes fonctions que celles déjà citées, elle compense la diminution du taux de DnaK et GroEL, deux autres chaperonines importantes, protégeant les protéines lors du choc *thermique* (96) (figure III-2).

Nous venons d'observer le rôle des chaperonines favorisant la bonne conformation des protéines, d'**autres chaperonines** assistent et **protègent l'ARN** pour lui permettre de maintenir son activité biologique (25, 110, 112).

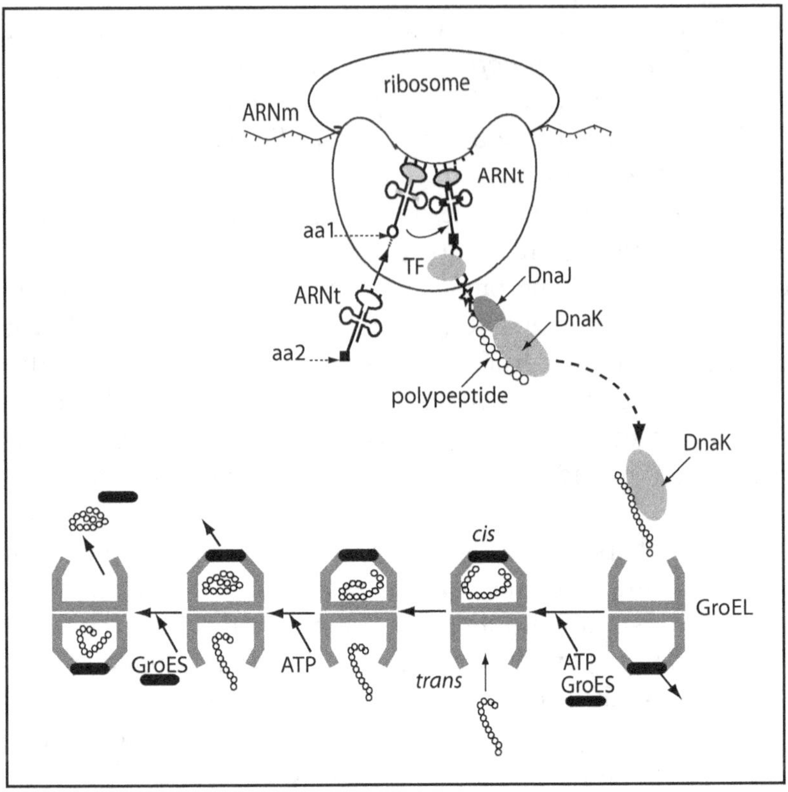

Figure III-2 . **Plusieurs chaperonines aident au repliement des polypeptides.** On a séparé les chaperonines que l'on a simplement citées sans détailler les mécanismes de leur action. Le polypeptide est synthétisé au niveau du ribosome en présence d'ARN messager ARNm. Un acide aminé (aa2, représenté par un carré noir) est apporté par un ARN de transfert ARNt et vient se lier à un acide aminé déjà présent aa1 (représenté par un cercle), le polypeptide s'agrandit. Le *trigger factor* **TF** est le premier à intervenir. La protéine **DnaK**, assistée par DnaJ et GrpE (non figurée), entre autres, accélère les échanges entre ADP et ATP (non figuré). Le polypeptide se replie dans la protéine chaperone **GroEL** formant une cage. Deux molécules GroEL, *cis* et *trans*, sont superposées (51). En simplifiant, on note que le polypeptide pénètre dans GroEL *cis*, une molécule d'ATP se fixe à chaque sous-unité, puis le couvercle GroES se place, l'hydrolyse de l'ATP donne l'énergie nécessaire pour que le polypeptide se replie correctement, plusieurs cycles sont parfois nécessaires où GroEL *cis* et *trans* interviennent. Chez la bactérie psychrophile *Oleispira antarctica*, seule la molécule GroES *cis* est utilisée à +4°C (36). Chez une autre bactérie psychrophile, ce n'est pas l'ATP mais le CTP (l'adénosine de l'ATP est remplacé par la cytidine), un autre moyen d'économiser de l'ATP (127).

- Les dispositions mises en œuvre par les psychrophiles.

Les bactéries psychrophiles ont les protéines enzymatiques nécessaires à toute bactérie mais ces composés sont actifs aux basses températures (27). D'autres protéines induites par le froid interviennent favorablement dans les circuits de l'ARN et de l'ADN (9).
L'action du froid. ADN et ARN deviennent plus rigides, les liaisons stabilisant les structures secondaires sont renforcées, transcription et traduction sont réduites, l'efficacité de l'ARN messager est réduite : le surenroulement négatif de l'ADN augmente sous l'action de l'ADN gyrase (86) et modifie l'orientation des lieux d'attachement de l'ARN polymérase et donc l'expression des gènes (122). **L'adaptation au froid** : les bactéries psychrophiles ont déjà des constituants opérant au froid : ARN hélicases déliant les structures secondaires des acides nucléiques (75), exonucléases dégradant l'ARN mal conformé, prolyl-isomérase *trans-cis* facilitant le repliement des protéines, protéines d'adaptation au froid (11)...

3- La fluidité membranaire est restaurée et les échanges avec l'extérieur, préservés.

La membrane cytoplasmique, située entre le cytoplasme et la paroi (qui est la structure la plus externe), entoure la bactérie ; elle permet les échanges avec le milieu extérieur : pénétration des aliments, élimination des déchets. Cette structure est présente dans toutes les bactéries, les Bacteria (à Gram positif ou négatif) ou les Archaea. La membrane est formée d'une double couche d'acides gras saturés et non saturés (les parties polaires* des molécules étant orientées vers l'extérieur) dans laquelle plongent des protéines permettant des relations avec l'environnement. A basse température, la membrane perd sa flexibilité, les acides saturés sont juxtaposés en palissade et empêchent les échanges avec le milieu extérieur. Un des principaux mécanismes d'**adaptation** au froid est donc la restauration de la flexibilité de la membrane en modifiant son principal constituant, les lipides (22) (figure III-3).

Chez **les mésophiles** immergés dans un environnement glacé, la fluidité membranaire est principalement restaurée par une augmentation des acides gras non saturés (moins d'atomes d'hydrogène et présence de doubles liaisons).

Chez les **psychrophiles**, la membrane devient **plus riche en acides gras polyinsaturés et en substituants méthyles** ou en chaîne carbonée plus courte, les isomères *cis* et *anteiso* sont favorisés (figure III-3). Le plissement de ces molécules donne plus de fluidité et permet le maintien d'une perméabilité active et passive pour les substrats nutritifs, tout en conservant l'intégrité de la cellule. Mais d'autres ajustements sont possibles. **Les caroténoïdes** (pigments orange/jaune liposolubles) sont présents dans les membranes de plusieurs bactéries isolées de l'Antarctique, l'abaissement de la température de croissance provoque une augmentation de leur synthèse (22, 59). Ces composés interviendraient dans la stabilisation des membranes et pourraient avoir aussi un rôle dans la tolérance aux basses températures.

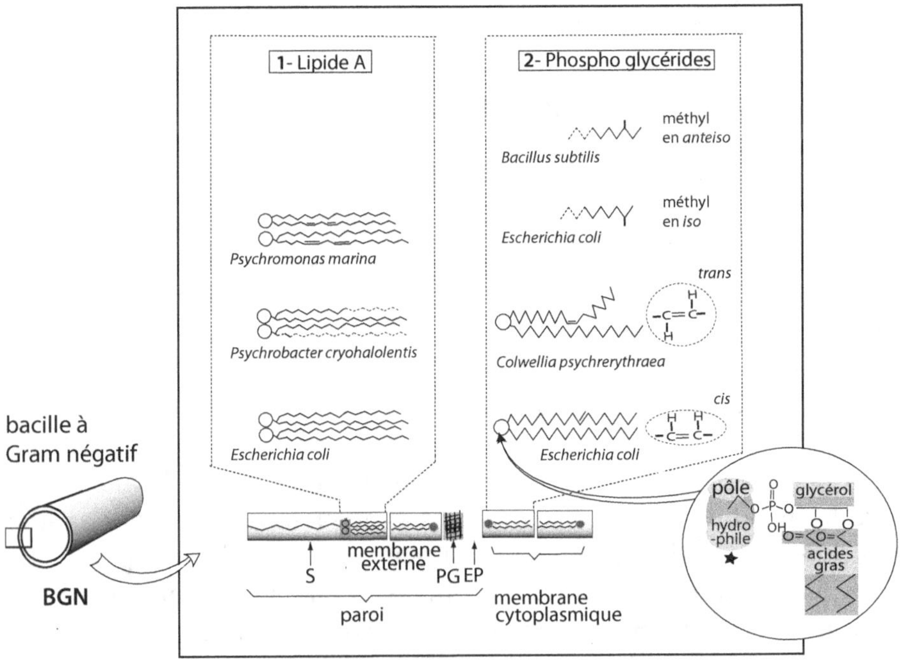

Figure III-3. **Les modifications des lipides membranaires lorsque la bactérie est au froid. BGN** : voici une coupe de la paroi **d'un bacille à Gram négatif** avec la paroi, qui est la structure la plus externe et en dessous la membrane cytoplasmique qui limite le cytoplasme. La paroi comprend un espace périplasmique EP dans lequel est logé une structure rigide, le peptidoglycane PG qui donne la forme à la bactérie.

. **1- Le lipide A.** Le lipide A de *Psychrobacter cryohalolentis*, bactérie isolée du pergélisol de Sibérie, a peu de chaines carbonées, en comparaison des mésophiles (*Escherichia coli*) et les chaînes sont plus courtes (119). Les acides gras, aux chaînes non saturées, sont nombreux chez *Psychromonas marina*, isolé dans un courant glacé de l'Océan Pacifique-Nord (67).

2- Les phosphoglycérides, couche lipidique de la membrane cytoplasmique.
Le pôle hydrophile ★ augmente son hydrophilie aux basses températures, en utilisant le glycérol, l'éthanolamine ou la choline (129).
Les **isomères *cis* – *trans*** sont des molécules qui, considérées dans l'espace, ont des substituants (dits *groupes prioritaires*) situés soit du même côté (*cis*), soit de part et d'autre (*trans*) d'une double-liaison carbone-carbone C=C. Aux basses températures, les **isomères *cis*** sont en général favorisés, l'isomérisation ne nécessite pas, dans certains cas, la synthèse d'une enzyme, déjà présente. Chez ***E. coli*** le nombre d'acides ***cis***-vaccéniques mono-insaturés est préférentiellement augmenté aux basses températures par un système enzymatique préexistant (activé à basse température) à partir d'acide oléique, qui est en configuration *trans* (40, 41). L'introduction de dérivé ***trans*** provoque une diminution de la fluidité membranaire. Cependant chez ***Colwellia psychrerythraea***, isolé des sédiments marins de l'Arctique, les acides gras non saturés sont majoritairement en *trans* (52).
Un **isomère *iso*** a un radical méthyle $-CH_3$ greffé sur le pénultième carbone de la chaîne, alors que dans l'**isomère *anteiso***, le radical est sur l'antépénultième. L'isomère *anteiso* est, en général, favorisé, ce qui est le cas chez ***Bacillus subtilis***, où par ailleurs une augmentation d'acides non saturés est obtenue par une enzyme (désaturase) nouvellement synthétisée par activation de son gène, (2, 10, 37, 64). Il en est de même chez *Listeria monocytogenes* aux basses températures, bactérie ubiquitaire pouvant être pathogène (115).

4- Dans les espaces cellulaires, les cryoprotecteurs et les protéines antigels protègent la bactérie du froid

Le froid provoque la formation de cristaux de glace qui déclenchent des lésions cellulaires et un déséquilibre osmotique. Pour éviter cette évolution, la bactérie accumule des solutés compatibles qui non seulement la protègent contre le gel mais également contre la dessiccation et l'hyperosmolarité : la **glycine-bétaïne** (permettant le maintien de l'hydratation des protéines) (18, 23), le sucrose, le mannitol. Le **tréhalose** formé de deux molécules de glucose (liaison $\alpha,\alpha,1,1$) enrobe les protéines, les protège de la dénaturation et modère leur dynamique interne (47). Quand *E. coli* est exposé à une chute thermique de 37°C à 16°C, la teneur en tréhalose s'accroit de huit fois, sans qu'il y ait de retentissement sur la croissance, mais lorsque la bactérie plonge à +4°C, sa viabilité est augmentée. Le froid induit l'activité des ARN messagers des enzymes synthétisant le tréhalose, par un mécanisme analogue à celui synthétisant la protéine de choc au froid, CspA, bien qu'il n'y ait pas de lien entre tréhalose et CspA. (63). Des **protéines antigels** sont synthétisées par certaines bactéries (66). Elles s'adsorbent à la surface de la zone glacée et abaissent la température de formation de la glace, mais pas la température de fusion (104) comme dans un phénomène d'hystérésis où le système ne revient pas totalement à son état initial, alors que la cause a disparu. L'accroissement de la courbure de la surface de la glace conduit à une diminution du point de congélation (effet Gibbs – Thomson) (19, 31). Une protéine de 54 kDa, synthétisée par une Flavobactérie isolée à la profondeur de -3.519 m (glacier du lac Vostok), inhibe la recristallisation de la glace, modifie sa structure tridimensionnelle et augmente la vitalité dans des conditions climatiques extrêmes qui peuvent aller jusqu'à -33°C, comme nous l'avons déjà signalé (1, 105). Cette performance n'est d'ailleurs pas nécessaire, puisqu'à plus de -3.000 m, la température du lac ne serait que de l'ordre de -8°C ! (111).

La bactérie se protège en s'entourant d'un écran protecteur : les exo-polysaccharides, entourant l'extérieur de la cellule, apportent une contribution essentielle pour lutter contre le froid (72), plus particulièrement chez certaines bactéries (*Cytophaga, Flavobacterium, Bacteroïdes*). Chez *Pseudoalteromonas*, le polysaccharide, bardé de nombreuses charges négatives, est produit en quantité trente fois plus importante entre -2 à -10°C qu'à 20°C. Il est constitué de plusieurs sucres neutres ou oxydés en acides uroniques avec présence de groupement sulfate $SO_4^=$ (92). Dans d'autres souches de *Pseudoalteromonas*, il s'agit d'un volumineux polymère d'acide mannuronique (76, 102). La présence de dérivés **uroniques** paraît assez constante, les charges négatives permettent la séquestration des ions Mg^{2+} et Ca^{2+} stabilisant la structure des métallo-enzymes et stimulant leur activité.

Le polysaccharide a un rôle **protecteur** au cours des cycles saisonniers de congélation – décongélation et permet de maintenir l'activité des enzymes extracellulaires présentes dans ses mailles, car la concentration en sel y est plus faible que dans les parties liquides. Mais il intervient aussi dans la **nutrition** des bactéries en permettant leur attachement aux particules solides, granules de sédiments, détritus, minérals ou organiques, source de nourriture. Des virus (phages*) peuvent être aussi présents et actifs. Ils peuvent, soit tuer les bactéries et fournir des substances nutritives à celles qui subsistent, soit être vecteurs de gènes au cours d'un processus de transduction (cf. *infra*).

5- Les bactéries sentent le froid par leur enveloppe

On vient de constater de nombreuses modifications dans la structure et le fonctionnement des organites bactériens quand la température diminue et il est raisonnable de penser que ces modifications permettent alors à la bactérie de vivre correctement dans ce nouvel environnement. Cette adaptation est la réponse à un abaissement de la température perçu par un système senseur membranaire activant les gènes d'adaptation au froid. Il est concevable que l'adaptation aux basses températures nécessite d'abord que les bactéries *sentent* ce changement et comme la membrane est la première structure à être abordée, on peut comprendre qu'un senseur s'y trouve (22). Mais comment le senseur peut-il percevoir une chute thermique, comment transitent ces informations, quelles actions vont en résulter. C'est l'étude de l'abaissement de température chez les bactéries mésophiles qui permet de mettre en évidence les mécanismes de l'adaptation au froid des bactéries psychrophiles.

Une bactérie mésophile modèle, cultivée à une température jugée stressante, est ***Bacillus subtilis***, l'équivalent en bacille à Gram positif*, de *Escherichia coli*, modèle des bacilles à Gram négatif. Le froid provoque une augmentation de la **rigidité** de la bicouche lipidique de la membrane ce qui retentit sur la conformation d'une protéine – senseur qui est une partie d'un système à deux composants (senseur et régulateur) (123) (figure III-4). Ce système, très répandu dans le monde bactérien, permet de transmettre un signal extérieur à la cellule à des gènes qui sont alors activés (118). Le signal extérieur, ici le froid, est perçu par le *senseur DesK*, qui développe une activité kinase (4), et transmet l'information (par une phosphorylation) à une protéine *régulatrice DesR* qui va activer le gène *des* codant une désaturase (3). Cette enzyme, en enlevant l'hydrogène aux acides gras, donne des composés *désaturés,* conférant plus de **souplesse** à la membrane bactérienne (5, 77) (figure III-4).

D'autres senseurs thermiques ont été identifiés, mais ils sont intracellulaires. Ainsi le froid peut induire directement des changements conformationnels ou physicochimiques dans l'ADN, l'ARN et les protéines, qui permettent à la bactérie de « sentir » la température (33). Mais le modèle à deux composants reste assez séduisant pour expliquer, chez certaines bactéries, la réponse au froid.

Les conditions environnementales particulières aux bactéries vivant aux basses températures. Ces bactéries sont bien habituées à ce milieu et ne peuvent plus se développer dans notre environnement habituel. Mais leur environnement est très oxygéné, le dioxygène étant plus soluble dans l'eau à basse température. Il est aussi souvent salé ou/et sous forte pression. Alors quels sont les procédés que ces bactéries ont mis en œuvre pour vivre dans ces conditions qui nous paraissent hostiles ?

6- Affrontements à des situations particulières

6-1- Un environnement très oxydatif

La présence d'oxygène est indispensable à la vie, mais la résistance à un **excès** d'oxygène est indispensable à la survie de la bactérie.
La solubilité de l'oxygène et la stabilité des radicaux libres sont accrues aux basses températures, les bactéries psychrophiles sont donc

---

Figure III-4. **Réception et transmission du changement de température activant l'expression du gène *des* de l'enzyme désaturase, chez *Bacillus subtilis*.**
I- Le **senseur** DesK est une protéine transmembranaire présentant une double activité : kinase (★ en haut de la figure) (donne la fixation du phosphate P) et phosphatase (★ en bas de la figure) (donne la libération du P). A basse température, le senseur se comporte comme une kinase (★) et provoque une autophosphorylation de l'histidine H du senseur. **II-** Le phosphate Ⓟ est transféré au **régulateur** DesR, au niveau de l'acide aspartique D (DesR-Ⓟ). **III**- Le régulateur phosphorylé DesR-Ⓟ se fixe sur le promoteur (p) et l'ARN polymérase (a) produit l'ARN messager (ARNm *des*) et la synthèse de l'enzyme (**désaturase** Δ^5). **IV**- Les chaînes *acyl* des phospholipides membranaires (**pl**) sont désaturées. **V**- La fluidité de la membrane s'accroît et change l'activité **kinase** de DesR, **en phosphatase** (★) et restitue le régulateur DesR.

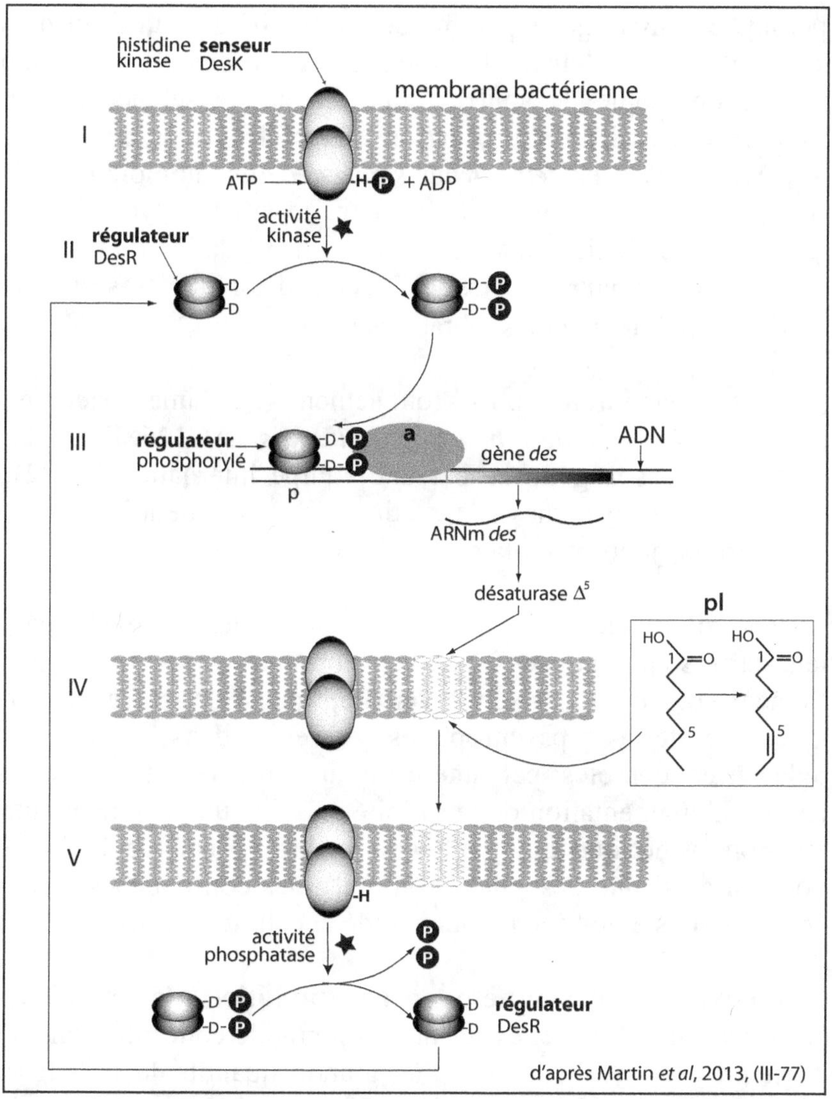

exposées à des concentrations élevées des dérivés réactifs de l'oxygène.

Plusieurs procédés, dont l'énumération est toujours fastidieuse, peuvent être mis en œuvre par la bactérie pour éviter l'action délétère due au stress à l'oxygène. (i) **La décomposition des peroxydes** $[O\text{-}O]^{-2}$ très réactifs, par les peroxydases et catalases très efficaces, produites en plus grande quantité aux basses températures : une molécule de catalase décompose jusqu'à cinq millions de molécules de peroxyde d'hydrogène par minute (49), (ii) **La diminution des cibles** métaboliques les plus sensibles, comme les composés présentant un atome de soufre : la cystéine, la sélénocystéine, la méthionine (42), (iii) **La protection des cibles**, mais des protéines Dps (*DNA binding proteins from starved cells*), homologues de la ferritine, peuvent protéger *E. coli* contre le stress oxydatif par leur double propriété, de liaison avec l'ADN et d'oxydation du fer (15, 29, 48, 65), (iv) **La réparation des lésions** par des réductases ou par des protéines qui préviennent les mutations (116).

Nous reviendrons plus longuement sur une bactérie de l'Antarctique, *Pseudoalteromonas haloplanktis* TAC125. De l'analyse très détaillée de son **génome** par une équipe internationale (82), on peut identifier des systèmes enzymatiques qui éliminent l'oxygène ou qui la neutralisent en fixant la molécule.

6-2- un milieu salé. Les bactéries psychrophiles se développant en milieu marin sont soumises à une concentration en sel, qui augmente localement lors de la saison hivernale, quand la glace se forme. D'autres bactéries psychrophiles vivent dans des canaux intraglaciaires comblés par une saumure très concentrée en sels minéraux. L'augmentation de la salinité entraine une augmentation de la pression osmotique qui tend à faire sortir l'eau de la bactérie, provoquant ainsi une déshydratation qui a des conséquences néfastes sur les structures et le fonctionnement de la cellule (124).

La riposte par synthèse et accumulation de solutés pour empêcher la fuite d'eau et éviter une trop grande concentration en sel, *Escherichia coli* synthétise en plus grande quantité le tréhalose, la glycine-bétaïne, le glutamate (18). Plus généralement, les micro-organismes accumulent dans un premier temps du potassium et du glutamate dans leur cytoplasme, mais préfèrent rapidement accumuler des solutés compatibles : acides aminés libres (glutamate…) et leurs dérivés (ectoïne…), des sucres (tréhalose…) et leurs dérivés, des polyols (glycérol…) (34). Cependant les enzymes extracellulaires, indispensables pour apporter des nutriments acceptables par la bactérie sont perturbées, à moins que des substances (polysaccharides…) les protègent.

La riposte par modification de la structure des protéines. Les acides aminés présents à la surface de la protéine, sont malmenés par l'efflux de l'eau, ce qui entraîne une déstabilisation de la conformation de la protéine qui devient insoluble. Pour éviter cette éventualité, les protéines se réarrangent pour mettre en surface des acides aminés *acides* (leur point isoélectrique pI devient inférieur à 7), et éliminent la putrescine, diamine trop basique ; elles deviennent alors porteuses de nombreuses charges négatives, et restent ainsi solubles et fonctionnelles. Les Halobactéries isolées des milieux salés ont des protéomes acides : 5,3 pour *Halobacterium* NRC-1 (68, 93) ou proche de 7 : 7,42 pour *Halobactérium* du grand lac salé (Etats Unis) (57, 93). Un exemple est donné ci-dessous, avec *Psychrobacter cryohalolentis* (isolé de galets de saumure emprisonnés dans le pergélisol de la région de Kolyma, en Sibérie) (6) comparé à une bactérie isolée de la rivière Elbe, en Allemagne, *Sphingomonas wittichii* (34) :

	nombre de protéines acides, pI < 7 / nombre de protéines basiques, pI > 7	
	dans la membrane	dans le cytoplasme
Psychrobacter cryohalolentis	2,22	3,27
Sphingomonas wittichii	0,69	2,28

6-3- de fortes pressions sont présentes parmi les bactéries psychrophiles isolées des grandes profondeurs marines. Ainsi un **spirille** (bactérie spiralée et rigide) a été isolé a plus de 5.000 m de profondeur et se développe à + 2°C sous une pression de **510** atmosphères (128). Une bactérie en forme de **sphère allongée**, *Moritella profundis*, a un taux de croissance maximum à +2°C et ne se développe plus au delà de 12°C (125). Cette bactérie, isolée des profondeurs de l'Océan Atlantique, au niveau de la côte Ouest de l'Afrique tropicale, a besoin de NaCl pour sa croissance, mais manifeste une résistance particulière aux fortes pressions, puisqu'elle a été recueillie à 2.815 mètres de profondeur, soit à une pression de 28 MPa (**276** atmosphères). Cette bactérie est vraiment une psychrophile piézophile, car à 6°C la croissance optimale est à une pression de 20 MPa, alors qu'à 10°C, elle est à 30 MPa. Des solutés compatibles, tel que l'oxyde de triméthylamine, favorisent la compacité des protéines. Les essais de localisation des gènes impliqués dans cette résistance aux hautes pressions, réalisés en comparant trois souches de

Photobacterium profundum, adaptées à différentes profondeurs, ont montré la complexité de la régulation : 171 loci géniques sont absents ou hautement divergents dans la souche sensible à la pression (16).

7- Les mécanismes génétiques de l'adaptation

7-1- le transfert horizontal de gènes.

L'adaptation aux basses températures pour un organisme mésophile peut se réaliser par petites touches et résulte d'une sélection sur le long terme comme nous le verrons avec les enzymes. Elle peut aussi survenir par un transfert de plusieurs gènes venant d'organismes *déjà* adaptés aux basses températures. Dans cette éventualité les gènes ou leur duplicata se détachent de la bactérie donneuse, sont transportés, pénètrent dans la bactérie receveuse et doivent impérativement s'insérer dans le chromosome pour être admis définitivement par la bactérie.

Ce transfert de gènes que l'on qualifie de **transfert horizontal** (par opposition au transfert vertical, au cours de la division cellulaire) est **fréquent**. L'étude comparative, en 2.000, de dix-sept génomes complets de Bacteria avec ceux de sept Archaea a permis de montrer que jusqu'à 14,5% des gènes des Archaea pouvaient provenir de transferts ou que 381 transferts ont eu lieu chez *E. coli*, alors qu'il y a eu 537 transferts chez *Bacillus subtilis* (39).

Le transfert latéral est imposé par une **nécessité environnementale** et c'est pour cela qu'il survient et c'est pour cela qu'il persiste, car il est indispensable pour assurer la vitalité de la bactérie soumise à de nouvelles contraintes. Les deux populations entre lesquels les gènes se transfèrent doivent être dans **le même habitat**, voire dans la même niche. Il est rare qu'un seul gène suffise à l'adaptation, il est souvent accompagné par d'autres gènes permettant son expression, il fait **partie d'un opéron*** et plusieurs opérons sont le plus souvent nécessaires (32, 100).

La détection de l'arrivée d'une nouvelle information génétique peut être suspectée par l'adaptation de la bactérie à des conditions d'existence très inhabituelles, mais l'étude du génome est plus concluante.

Le rythme de la succession des nucléotides dans le chromosome est perturbé par des séquences dont le rythme est différent : le pourcentage de guanine + cytosine (GC%) dans un segment d'ADN est différent de celui de l'ensemble de l'ADN de la bactérie ou encore il y a une différence dans l'utilisation des codons, dans la composition en acides aminés... Il n'en reste pas moins qu'il n'y a que de faibles différences dans le GC% (≤ 5%) dans 86% des transferts horizontaux (101).

Collins et Deming (24) ont étudié et tenté de conter l'histoire d'une bactérie isolée des sédiments marins de l'Arctique, qui a reçu un opéron. *Colwellia psychrerythraea* 34H vit dans des eaux glacées à forte teneur en sel. Son chromosome a été entièrement séquencé (83) et son analyse a mis en évidence un îlot génomique de 37 kpb* en double, constitué de nucléotides caractérisés par un GC% de 45 - 49% alors que la moyenne du génome est de 38,0 ± 3,5%. Cet îlot est donc venu d'une autre bactérie par un transfert horizontal, cette bactérie pouvant être proche d'un *Marinobacter* (GC : 55%), dont un opéron code une enzyme dégradant la sarcosine (sarcosine oxydase Sox) (figure III-5). La sarcosine peut en effet constituer une source de carbone et d'énergie. Elle vient du dépouillement progressif de la choline de ses trois groupements méthyles, en passant par la glycine-bétaïne, composé dont on a vu l'importance en tant que soluté compatible permettant une adaptation des bactéries à de fortes concentrations en sel ou de pression osmotique.

Les auteurs se sont risqués à reconstituer l'histoire du chemin métabolique allant de la choline aux dérivés de la sarcosine . Au cours des temps les plus anciens (figure III-5, B-1 et -2), la bactérie s'adapte à des conditions de vie difficiles en renforçant sa synthèse de glycine-bétaïne. Lors d'une période froide, en fin du jurassique (3), elle accueille un transfert horizontal lui permettant de dégrader la sarcosine et de renforcer son métabolisme général en dédoublant cet opéron transféré (4).

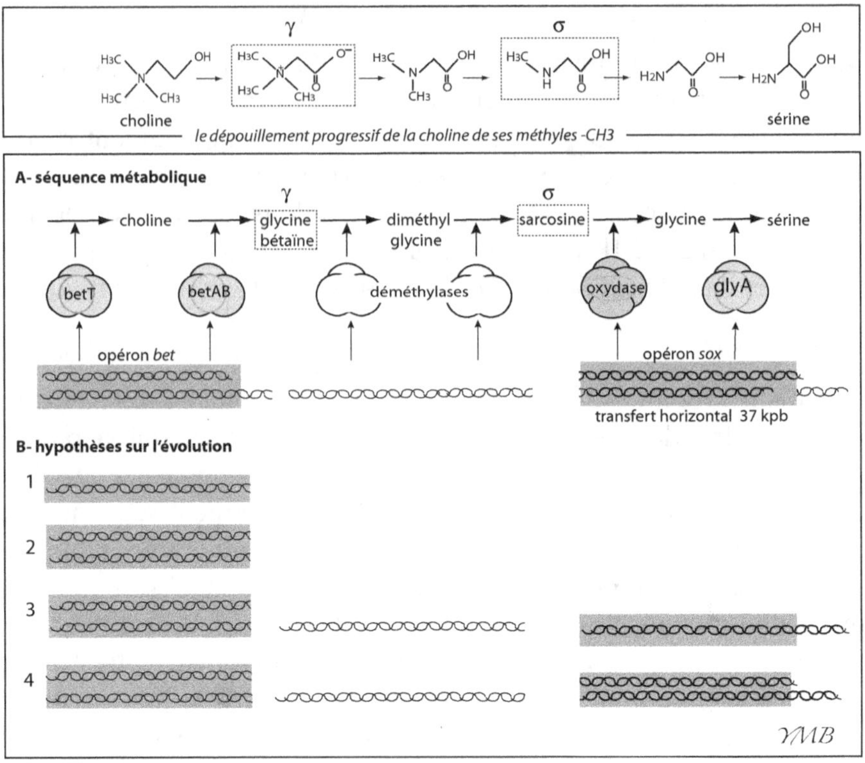

Figure III-5. **Le transfert horizontal de l'opéron *sox* chez *Colwellia psychrerythraea*. A- la séquence métabolique** : l'opéron *bet* code des protéines pour le transport de la choline (betT) et la synthèse de la glycine-bétaïne (betAB). Deux déméthylases mènent à la sarcosine (σ), qui par l'action d'une oxydase *sox* et d'une transférase *glyA* (et d'une déformylase purU, non figurée) conduit à l'acide aminé sérine et au métabolisme général. **B- hypothèses sur l'évolution de la séquence métabolique** et l'apparition du transfert horizontal. Au *commencement* (1), *Colweilla* utilise la glycine-bétaïne comme osmoprotecteur du fait de l'environnement riche en sel, puis à un moment (2) l'opéron est dédoublé par suite d'un besoin accru en glycine-bétaïne. Lors de l'extension maximale de la période de glaciation, à la fin du Jurassique, il y a 150 millions d'années, *Colweilla* aurait acquit l'îlot génomique (3) en cherchant à s'adapter. Les deux déméthylases surviennent et la glycine-bétaïne peut alors être dégradée. L'îlot génomique (4) se serait dédoublé récemment, au Miocène (23 à 5 millions d'années) (on a modifié l'orientation de l'opéron *sox* pour faciliter la lecture de la séquence métabolique). **Bandeau**. Les représentations des formules chimiques ont été unifiées pour permettre une lecture plus facile de la séquence métabolique conduisant de la **choline** à la sérine.

7-2- Le nombre de transferts latéraux peut être considérable et permet d'entrevoir l'évolution de la bactérie, au cours des derniers millions d'années. *E. coli* est une des bactéries les plus étudiées dans ce domaine (génome de 4.639.221 paires de base chez *E. coli* K12) (14). Un codon* pour un acide aminé n'est pas utilisé au hasard (113,114). Pour simplifier, on peut avancer qu'un des moyens de repérer un gène acquis par *E. coli* est de connaître ses premiers codons et à les comparer à ceux des gènes du génome (73). Ainsi les gènes permettant d'hydrolyser le lactose (*lac*I et *lac*Z) ont un GC ≈ 56 %, alors que d'autres gènes ayant la même fonction (*lac*YA), ayant un GC ≈ 43 % sont considérés comme venant d'*ailleurs*. La présence de séquence d'insertion IS (cf. *infra*) est aussi une preuve de présence de gènes étrangers. Vingt-cinq séquences IS (sur 37) sont associées chez *E. coli* à de l'ADN transféré, représentant 11 % du chromosome. Au cours de l'évolution, Lawrence *et al*, ont démontré que *E. coli*, qui a dérivé il y a 100 millions d'années de la lignée des Salmonella, a reçu 755 séquences de gènes (correspondant à 547.800 bases) introduites au cours de 234 transferts latéraux. Le contenu génique de ces transferts a été perdu, mais 18% du chromosome actuel ont été acquis par transfert latéral. Cette évolution semble conforme à ce qu'on peut imaginer du rôle de ces transferts : ils répondent à un sursaut de la bactérie confrontée à de nouvelles conditions de vie, mais si ces conditions disparaissent, l'ADN acquis n'est plus utile et peut disparaître.

7-3- Les transferts latéraux entre bactéries génétiquement proches.

Dans ce type de transfert, les passages des gènes s'effectuent en trois étapes : la séquence S d'ADN de la bactérie donatrice D doit pénétrer sans dommage dans la bactérie réceptrice R. Elle doit ensuite s'incorporer dans le génome de la bactérie réceptrice et enfin elle doit s'exprimer et apporter de nouveaux caractères. La séquence de la bactérie D peut pénétrer de trois manières : (i) par **transformation**, la séquence de la bactérie donneuse pénètre directement dans la bactérie receveuse, qui se trouve dans un état particulier (état de compétence), (ii) par **transduction**, la séquence d'ADN est prise par erreur par un virus (phage*) en cours de constitution, dans la bactérie D; le virus, qui est devenu *transducteur*, pénètre dans la bactérie R et libère la séquence d'ADN, (iii) par **conjugaison**, la séquence S est prise au chromosome de la bactérie D, par différents processus, et incorporée ensuite dans un plasmide* (un minuscule chromosome). Dans l'éventualité la plus courante, la bactérie D entre en contact avec la bactérie R par un pont cytoplasmique par lequel passe un des deux brins de la molécule d'ADN du plasmide, portant la séquence S (figure III-6).

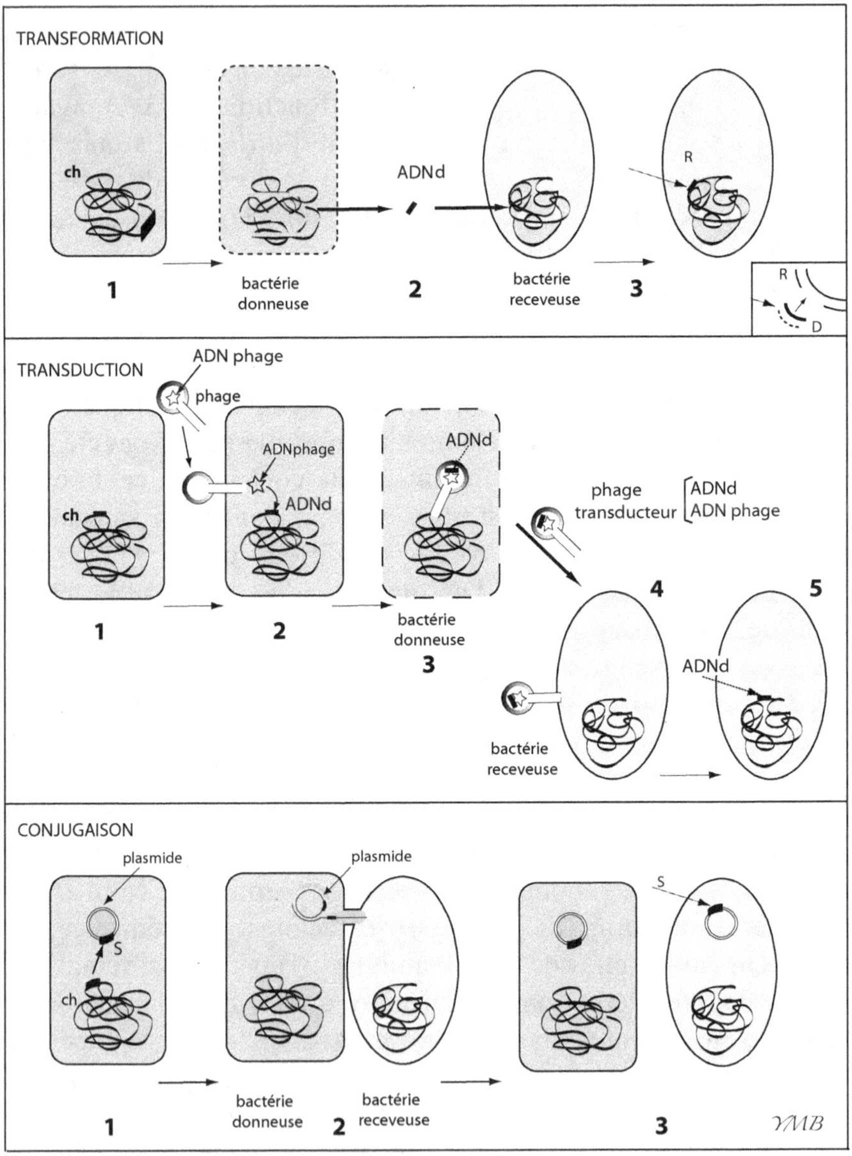

Figure III-6. **Trois modalités de transfert horizontal de gènes. Transformation** par un ADN nu. (1) la bactérie donneuse se lyse et libère des fragments d'ADN provenant de son chromosome **ch** - (2) un fragment d'ADN nu (ADNd) pénètre dans la bactérie receveuse - (3) lorsque l'ADN a pénétré dans la bactérie R, une nucléase de cette bactérie dégrade un brin de l'ADN. L'autre brin se fixe au niveau de la région homologue correspondante du chromosome, l'ancien étant dégradé et finalement un double brin est reconstitué. On voit que dans ce mode de transfert, les gènes sont attendus en un lieu précis du chromosome. Dans les deux autres types de transfert, les gènes sont protégés par un vecteur. **Transduction** (dite localisée) - (2) un phage tempéré (qui ne lyse pas la bactérie) injecte son ADN dans la bactérie - l'ADN du phage s'intègre dans le chromosome - (3) Sous l'influence de conditions extérieures (rayons UV…) le phage devient lytique, l'ADN du phage se désintègre du chromosome et emporte *quelques gènes* (ADNd) de ce dernier - (4) le phage injecte son ADN + les *quelques gènes*, dans la bactérie receveuse - (5) ces *quelques gènes* s'intègrent dans le chromosome de la bactérie receveuse et peuvent s'exprimer. **Conjugaison** - (1) la bactérie donneuse contient un plasmide* (une sorte de mini-chromosome), des gènes S sont pris (par différents processus) au chromosome de la bactérie donneuse par le plasmide - (2) La bactérie donneuse se rapproche de la bactérie receveuse en l'agrippant avec un poil (*pilus*) non figuré ici ; un pont cytoplasmique s'établit avec la bactérie receveuse et un des brins de l'ADN du plasmide passe dans cette dernière - (3) chaque bactérie reconstitue le brin d'ADN qui lui manque, les deux bactéries possèdent un exemplaire du plasmide. Les plasmides sont fréquents dans les bactéries de la vie de l'extrême (20% à 42% des bactéries psychrotrophes) (69). Dans les trois processus de transfert, les gènes transportés doivent tous être **intégrés** dans le génome de la bactérie receveuse pour être exprimés et apporter de nouvelles informations.

Dans les transferts de gènes que nous venons d'évoquer, il est nécessaire qu'il y ait une **certaine coopération entre cellules donneuse et receveuse**, les ADN ne doivent pas être trop différents : Au cours de la *transformation*, l'ADN doit trouver une séquence analogue dans la bactérie receveuse. De même la *transduction* n'est possible que si les bactéries donneuse et receveuse sont toutes deux sensibles au même phage. La *conjugaison* est moins exigeante, mais certaines bactéries ont de la difficulté à s'accoupler (par exemple deux bacilles à Gram négatif*, *E. coli* et *Pseudomonas aeruginosa**). Par contre le transfert est aisé si les gènes font partie d'un transposon.

7-4- Les transferts latéraux entre bactéries environnantes : le rôle des transposons.

On ne peut évoquer le rôle du **transposon** dans le transfert horizontal de gènes, sans omettre de mentionner l'obstination et l'énergie d'une scientifique qui a découvert cette identité par une étude attentive des destinées des **gènes du maïs** (une plante qui donne deux générations par an, alors que les opulents bactériologistes ont le plus souvent deux générations de bactéries par heure !). La reconnaissance de la communauté scientifique a attendu 1983, les 81 ans de cette grande dame pour lui décerner le prix Nobel, alors que les transposons étaient déjà bien individualisés depuis 1977.

Il est toujours plus facile de poursuivre un sillon déjà tracé que d'en ouvrir un nouveau et il est toujours difficile de convaincre avec des idées neuves ou des résultats hors les valeurs établies. Combien de circonstances où prévalaient la défiance, combien de situations où l'on s'assoupissait dans l'indifférence, depuis "*... et pourtant elle tourne...*"

Barbara McClintock (1902 – 1992) est née du coté Est des Etats Unis, dans le Connecticut. Solitaire et indépendante, elle rappelle dans une autobiographie, publiée dans le livre des prix Nobel (81), les années qui ont déterminé sa carrière, on pourrait dire sa vocation, tant elle a montré une volonté persévérante dans ses recherches. En 1921, elle faisait partie des rares étudiants à suivre les cours de génétique de Claude B. Hutchison à l'Université Cornwell, département d'amélioration des plantes. Distinguée par son professeur pour son ardente assiduité, elle reçut un appel téléphonique de Hutchison, en janvier 1922, pour lui proposer de participer à un autre cours destiné à des étudiants déjà diplômés : cet appel détermina sa future carrière, se rappelle-t'elle. Comme elle suivait déjà les cours de cytologie en botanique, les chromosomes devenaient une source de fascination, en tant que porteurs des facteurs d'hérédité. Après son Ph.D.* (1927), elle s'intéressa aux dix paires de chromosomes du maïs au sein du

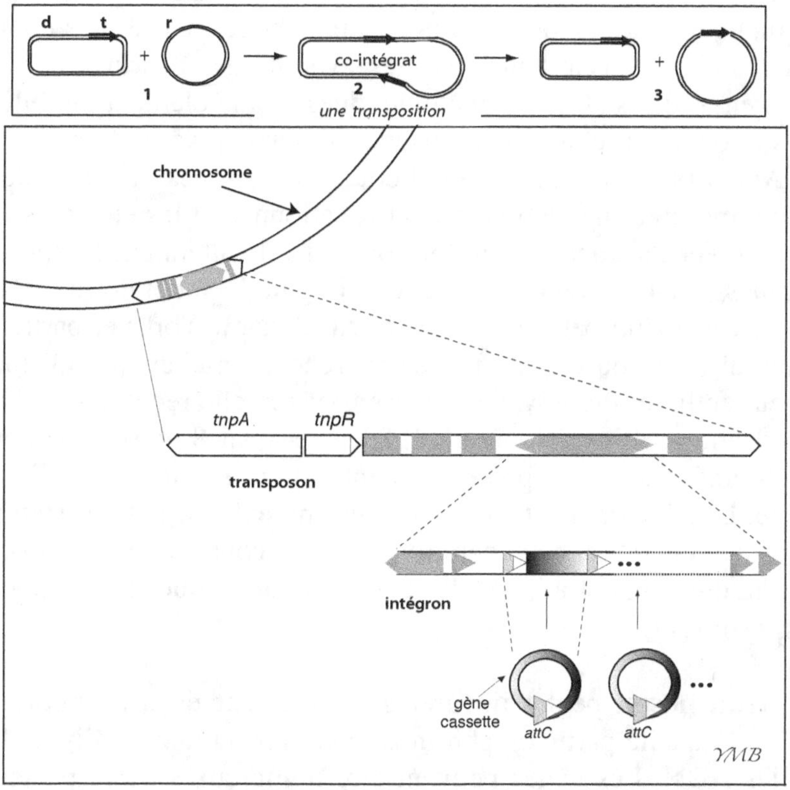

Figure III-7. **Les transposons de type II.** Présents sur le chromosome de la bactérie, les transposons sont des vecteurs fréquents de transfert de gènes. Ils peuvent se disséminer sur un même chromosome ou vers d'autres chromosomes grâce à leur transposase TnpA, apportée par des séquences d'insertion **IS**. Le transposon a la capacité d'héberger plusieurs gènes, certains sont regroupés dans un **intégron** : une structure pouvant accueillir des gènes (grâce à une enzyme appelée intégrase) présents dans le milieu extérieur sous forme de **gènes cassettes**, et venant se fixer dans l'intégron grâce à leur site d'attache *attc*. **Bandeau**. (1, 2) le transposon **t** de la bactérie donneuse **d,** grâce à son enzyme intégrase TnpA, forme un co-intégrat avec une molécule d'ADN receveuse **r** et se duplique, (3) les deux molécules d'ADN, chacune portant un exemplaire du transposon, se séparent par action de l'enzyme résolvase TnpR. N.B. Les mécanismes de transposition et d'intégration ont été volontairement simplifiés. (Les gènes sont écrits en minuscules italiques, leur produit est écrit en lettres romaines, la première lettre est en majuscule).

laboratoire de Rollins A. Emerson, éminent généticien, où elle rencontra d'autres scientifiques de talent. Elle étudia les **gènes qui contrôlent la couleur des grains de maïs**, situés sur le bras court du chromosome 9. Elle attribua les variations observées à des phénomènes d'instabilité génétique dues à un élément mobile Ds (pour dissociation) et à son compagnon l'élément Ac (pour activateur) (80). Après plusieurs décennies d'études génétiques et moléculaires, elle a pu montrer en détail comment fonctionnaient les éléments Ds et Ac, comment ils transposaient et comment ils altéraient l'expression des gènes voisins. Vers 1941, elle rejoignit le laboratoire de *Cold Spring Harbor* (un petit village de l'Etat de New York) et participa à sa renommée, et où tant de jeunes chercheurs étudièrent... Quand on reconnut enfin le rôle novateur de ses travaux, elle reçut le prix Nobel de Médecine ou Physiologie en 1983, elle avait 81 ans. Ce travail a révolutionné les idées précédemment admises sur la stabilité du génome. Le génome n'est pas qu'un ensemble d'instructions statiques, passées de génération en génération, mais en constante réorganisation, en particulier par l'action de ces structures que l'on appellera **transposons**.

Le **transposon** peut s'intégrer spontanément dans n'importe (ou presque...) quelle partie du chromosome, sans qu'il y ait d'homologie entre les ADN. Les gènes peuvent être nombreux s'ils se présentent sous forme de **cassettes**, structures qui leur permettent d'être accueillis dans un **intégron** (figure III-7).

Un nouvel environnement impose donc à un psychrophile une adaptation et le plus expéditif est d'accueillir les gènes qui lui permettront de s'adapter à de nouvelles conditions thermiques, à une nourriture différente ou à se défendre contre des produits toxiques. Le séquençage du chromosome des bactéries psychrophiles est maintenant très fréquent, il est donc possible de repérer les gènes faisant partie de transposon et apportant un matériel étranger.

Une équipe coréenne (78) a ainsi comparé les génomes de souches bactériennes *Alteromonas*, l'une, (*Alteromons* sp. SN2) isolée de sédiments marins à +2°C - 7°C contaminés par un déversement de pétrole, au niveau des côtes de la Mer Jaune, l'autre, *Alteromonas macleodii*, isolée des eaux de l'Océan Pacifique.

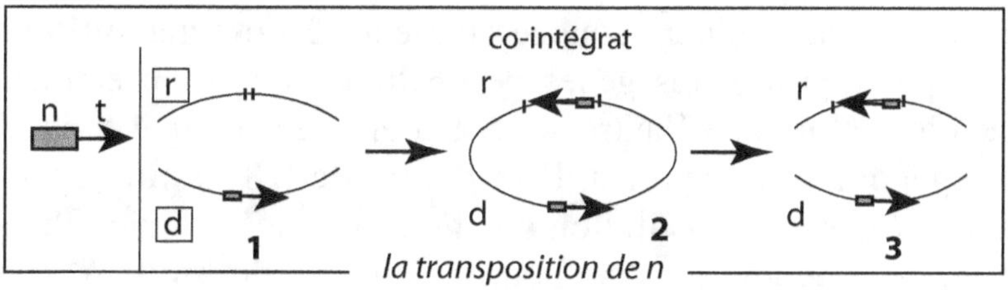

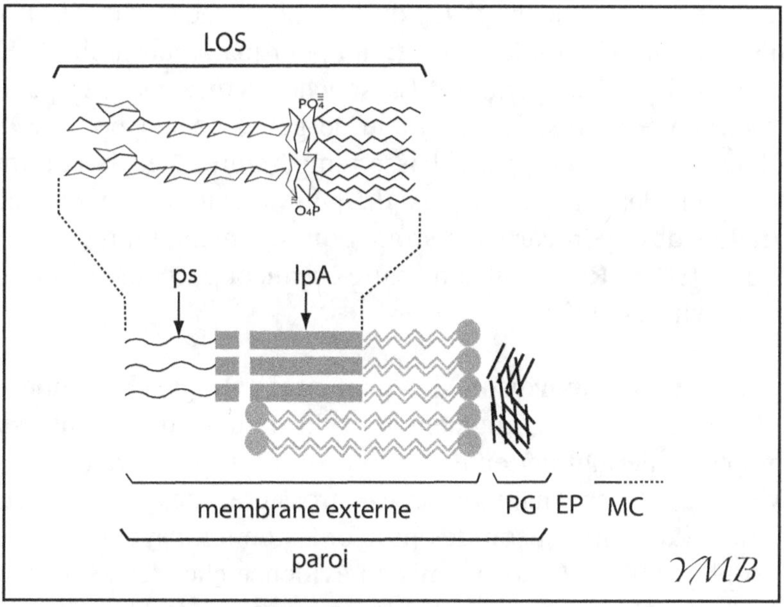

Figure III-8. **Le lipo-oligo-saccharide LOS dans la paroi de bacille à Gram négatif**. La paroi est formée de peptidoglycane (PG) donnant la rigidité et de la membrane externe où LOS en constitue la partie supérieure. LOS est formé du lipide A (lpA) et d'un polysaccharide (ps). La membrane cytoplasmique (MC) est située sous la paroi dont elle est séparée par l'espace périplasmique (EP) où s'étend le peptidoglycane (cf. figure III-3). **Bandeau**. Un exemple très simplifié du transfert de gènes (n) par le transposon (t). (1) Sur le fragment de chromosome donneur (d), le transposon (t) porte une séquence de nucléotides (ici n, qui code pour LOS). (2) Le transposon, par l'action de son gène codant une intégrase (non signalée dans le schéma) provoque la formation d'un co-intégrat avec duplication du transposon. (3) Sous l'action d'une résolvase (non signalée), codée par le transposon, les deux ADN se séparent, la séquence nucléotidique (n) est présente dans l'ADN donneur et l'ADN receveur.

Le génome de la première souche contient **15 îlots génomiques** qui lui sont spécifiques et les gènes de 66 transposases ou éléments de transposition, alors que l'autre souche n'en présente que trois. Parmi les îlots génomiques apportés, **l'un d'eux, de 8,81 kpb**, apparait un peu étranger dans la constitution du chromosome (déviation du codon de 2,193). Il code une enzyme pour la synthèse du **lipide A**, (présent uniquement dans la souche SN2) du lipo-oligo-saccharide (LOS) (26, 38) (figure III-8). Ce lipide est essentiel pour maintenir la fluidité de la membrane à basse température. La souche d'*Alteromonas* sp. SN2 a donc reçu, entre autres, un ensemble de gènes codant pour **LOS**, lui permettant de se développer à basse température... et de continuer à survivre dans les nappes irisées de pétrole, au milieu des odeurs industrielles des hydrocarbures aromatiques... mais il a reçu aussi des séquences CRISPR*, dont on parle beaucoup, pour résister aux agressions virales (117).

8- Essais de comparaison des protéomes de psychrophiles avec ceux des mésophiles. L'augmentation du nombre de travaux sur les extrémophiles permet de tenter de comparer les génomes et de mettre en évidence, d'une manière assez grossière, des caractéristiques différentes. La comparaison des protéomes de six psychrophiles avec six mésophiles (dont *E. coli*) a mis en évidence chez les psychrophiles un pourcentage plus élevé d'acides aminés de faibles dimensions (alanine, serine, thréonine, acide aspartique), non chargés électriquement (ce qui n'est pas le cas de l'acide aspartique...), en évitant les formes structurées, si bien que les acides aminés aliphatiques, aromatiques, chargés, structurés en hélice sont plus rares dans le protéome des psychrophiles, mais les comparaisons restent assez grossières (84).

La comparaison des protéomes d'une bactérie se développant à différentes températures. L'exemple de *Exiguobacterium sibiricum* (109). Ce bacille à Gram positif, décrit en 2006, a été isolé du pergélisol de Sibérie, à des profondeurs datant de trois millions d'années. Il possède la capacité de se développer de -5°C à 39°C, écart thermique qui devrait permettre de comprendre le processus d'adaptation enzymatique. L'exploration génétique est cependant incomplète, car si le séquençage du chromosome et des deux plasmides qui l'accompagnent, a été réalisé, 27,7 % des gènes n'ont pas encore de fonction connue. L'étude de la croissance à quatre températures différentes (-2,5°C, 10°C, 28°C et 39°C) ne met pas en évidence de différences notables entre un développement à 10°C et 28°C. Par contre de nombreuses adaptations métaboliques différentes surviennent entre -2,5°C et 39°C. Les auteurs ont mis en relief le cas de l'hydrolyse de glucide à longue chaîne, comme l'amidon, par l'**α-amylase**. L'hydrolyse a bien lieu aux différentes températures, mais elle est due à des enzymes différentes. L'une d'entre elles a une activité augmentée à -2,5°C, alors que l'autre a une activité faible à cette température, mais augmentée à 10°C et 39°C. Les protéines enzymatiques sont vraiment distinctes, la deuxième enzyme a 22 acides aminés en moins et la structure tertiaire est différente. *E. sibiricum*, qui apparaît comme une bactérie psychrotrophe, n'adapte donc pas une enzyme à de haute température, mais elle en utilise une autre. En revanche, pourquoi a-t-elle cette enzyme « en réserve », alors qu'elle a maintenu sa vitalité pendant des millénaires dans le pergélisol gelé ? à moins que bien avant les trois millions d'années, la température du pergélisol ait été plus élevée… nous entrons dans des zones de spéculation.

IV- Les enzymes actives à basse température

Les basses températures gèlent les réactions enzymatiques et les fonctions des bactéries mésophiles vivant habituellement dans un environnement qui nous est familier. Selon la loi d'Arrhenius (cf. *infra*), une chute thermique de 10°C provoque une diminution d'un facteur 2 à 3 du taux d'une réaction, quant à l'activité d'une enzyme mésophile, elle diminue de 16 à 18 fois quand la température de la réaction diminue de 37°C à 0°C.

Les bactéries psychrophiles ont les protéines enzymatiques nécessaires à toute bactérie mais ces composés sont **actifs aux basses températures** (Barria, ref III-9) (les ARN hélicases délient les structures secondaires des acides nucléiques) (Lim, ref III-75), (les exonucléases dégradent l'ARN mal conformé).

1- La thermodynamique

Le visage maculé de suie du mécanicien de *La Lison* émerge de la cabine, l'*abri*, de la locomotive. Jean Gabin (1904 – 1976) est Jacques Lantier dans le film *La bête humaine* (1938) de Jean Renoir (1894 – 1979). Cette image est restée dans les mémoires. Gabin n'est pas encore le héros gouailleur et romantique des années 1950 ; peut-être lui sait-on gré de s'être plongé dans l'enfer des vies qui ne peuvent se lier qu'à une *Lison*, à défaut d'une affection attentive et consolatrice.

La locomotive à vapeur pour les passagers est apparue en 1825, au Royaume-Uni : le charbon alimente la chaudière et la vapeur surchauffée produite agit sur un piston, actionnant alternativement des bielles couplées aux roues motrices : l'énergie thermique produit de l'énergie mécanique, nous sommes dans le domaine de la thermo – dynamique, l'énergie thermique est transformée en énergie mécanique.

Mais si la notion d'énergie allait bouleverser le déplacement des hommes et des matériaux, elle allait aussi s'appliquer au plus profond de chacune de nos cellules, aux molécules qui s'agitent pour maintenir la vie.

Le rôle de l'énergie thermique a été reconnu depuis bien longtemps et les premières traces accessibles viennent de l'ère gréco-romaine. A Alexandrie, dont il reste de belles traces (13) **Héron**, qui a vécu au premier siècle apr. J.-C., a fait partie de ce groupe d'inventeurs dont les nombreuses recherches étaient plus destinées à la gloire des mathématiques, qu'aux applications qui pouvaient en découler. Il avait conçu l'**eolipile** (la *balle d'Eole*, dieu du vent), petite sphère tournant autour d'un axe horizontal par suite de l'injection, à l'intérieur, de vapeur d'eau qui était éjectée par deux tubes diamétralement opposés, coudés à angle droit en sens inverse, entrainant la rotation. Parmi de nombreux inventeurs ultérieurs, le médecin français **Denis Papin** (1647 – 1712) s'intéressa plus à la création ou à la perfection de *machines*, qu'à la pratique médicale. Il mit au point une machine fonctionnant avec le jeu alternatif d'un piston ce qui permit de soulever de lourdes charges.

Au XVIIIe siècle, la révolution industrielle n'a pas encore bouleversé l'Angleterre et l'exploitation des mines n'a pas encore atteint son plein rendement. L'ingénieur militaire anglais **Thomas Savery** (1650 – 1715) invente un système où la vapeur d'eau chasse l'eau d'un récipient ; le vide, créé par la condensation, peut aspirer l'eau des mines de Cornouailles. Il n'y a pas de piston. Le système, peu efficace et consommant beaucoup de vapeur n'est finalement pas utilisé. **Thomas Newcomen** (1663 – 1729), met au point en 1712, une machine à vapeur permettant de pomper l'eau (appelée *pompe à feu* en France) dans les mines d'étain du Sud-Ouest de l'Angleterre. Plus d'une centaine de machines furent installées en Angleterre, en Belgique, en France. Le rendement était cependant assez mauvais, les pertes de chaleur étaient très importantes, nécessitant, ici également, des quantités considérables de vapeur. **James Watt** (1736 – 1819), un ingénieur écossais, améliora le rendement de la machine de Newcomen en y ajoutant un condenseur. Il déposa en 1769, cinq brevets, et ce n'est qu'en 1776 que les premières machines furent mises en service : le cylindre où se déplace le piston est fermé à ses deux extrémités et la vapeur est condensée dans une enceinte spéciale. Watt continua à apporter des améliorations. Il semble qu'il ait eu pour habitude de déposer de nombreux brevets, parfois sur les idées d'autrui. Dans les années 1780, il entra en relation avec le chimiste français Claude-Louis Berthelot (1748 – 1822) qui venait de découvrir l'effet du chlore sur le blanchiment des textiles : Watt aurait voulu rendre le processus plus efficace et économique et aurait demandé à Berthelot s'il pouvait déposer un brevet en Grande-Bretagne, Berthelot l'aurait éconduit en lui disant "*quand on aime la science on a peu besoin de fortune...*"

Et vint enfin **Sadi Carnot** !

1-1- Les deux principes de la thermodynamique.

Nicolas Léonard Sadi Carnot (1796 – 1832) est un des deux fils de Lazare Carnot (1753 – 1823), lui-même mathématicien et ingénieur, membre du *Comité de salut public* en 1793, *Organisateur de la victoire* et grand admirateur du poète persan Saadi du XIIIe siècle, a tel point qu'il prénomme ainsi son fils Nicolas Léonard Saadi, *le bienheureux*. Ce fils aîné, qui entra à l'Ecole polytechnique à 16 ans, fait paraître en 1824, une brochure de 118 pages, publiée à 600 exemplaires à compte d'auteur : *Réflexion sur la puissance motrice du feu et les machines propres à développer cette puissance*. Il affirme d'emblée que "*développer la puissance... l'approprier à notre usage, tel est l'objet des machines à feu... mais la théorie* [des machines à feu] *est fort peu avancée*" et c'est l'objet de cette publication. Il assure que pour fournir de l'énergie mécanique, une machine thermique doit obligatoirement extraire de la chaleur (Carnot dit *du calorique*) d'une source chaude et la rejeter dans un réservoir de température inférieure et comme une chute d'eau, plus la hauteur de la chute (la température du corps chaud) est élevée, plus la puissance motrice est élevée. Cette proposition correspondra au deuxième principe de la thermodynamique, présent dans tous les domaines. Il y a donc une limite supérieure aux performances. On dirait maintenant que la chaleur, forme d'énergie désordonnée, ne peut pas être intégralement convertie en travail, forme d'énergie ordonnée.

L'ouvrage reçut un accueil d'estime. Sadi Carnot continua ses réflexions sur la chaleur, mais en mars 1832, le choléra envahit Paris, il fera 19.000 victimes en six mois, Sadi Carnot en meurt le 25 août 1832, il a 36 ans. Son frère Hyppolite brûla tous ses effets personnels, tous ses papiers, habitude, à cette époque, pour éviter la propagation du vibrion du choléra. Sadi Carnot n'a pas assez insisté pour promouvoir, ce qu'on appellera le **deuxième principe de la thermodynamique,** l'**irréversibilité** des processus macroscopiques spontanés, qui précèdera ainsi de vingt ans l'énoncé du premier principe !

Les réflexions de Carnot avaient quand même diffusé dans la communauté érudite. James Prescott **Joule** (1818 – 1889) avait organisé son propre laboratoire. Il était très ouvert aux problèmes soulevés au cours des premières années du XIXe siècle et avait des relations avec d'autres scientifiques. On rapporte qu'ayant rencontré William Thomson (le futur Lord Kelvin) à Chamonix, alors qu'il venait de se marier et était en voyage de noces, il combina avec lui une expérimentation pour comparer la température de l'eau en haut et en bas d'une cascade (la cascade d'Arpenaz, haute de 270 m à Sallanches ?) voulant ainsi démontrer que la température de l'eau était plus élevée en bas de la chute, l'énergie de l'eau qui tombait, étant partiellement transformée en chaleur… mais l'observation ne put avoir lieu. Par contre en 1845, il fit une expérimentation rigoureuse : la chute contrôlée d'une masse, provoquant la rotation de pales dans de l'eau contenue dans un cylindre calorifugé, provoque l'augmentation de la température de l'eau. Il donna même l'équivalent mécanique de la chaleur : 819 pieds-livres /BTU (*British Thermal Unit*), soit 4,41 Joules / calorie. En refaisant l'expérience en 1850, il trouva 4,15 J/cal, alors que maintenant l'équivalence est peu différente : 4,18 J/cal. Il y a bien **conservation** de l'énergie et équivalence chaleur – travail, c'est le **premier principe de la thermodynamique**. Joule s'intéressera aussi au courant électrique (effet Joule : lors du passage du courant électrique dans un conducteur, la température du conducteur augmente) et à la cinétique des gaz.

Rudolf **Clausius** (1822 – 1888) **reformule les deux principes et crée le concept d'entropie.** R. Clausius, né à Koszalin en Poméranie alors prussienne, fut professeur de physique à Berlin puis à l'Ecole Polytechnique fédérale de Zurich pendant douze ans, puis il revint en Prusse.

Les documents photographiques le représentent avec un visage sévère, les lèvres pincées, le regard fixe et on ne peut douter que s'il passa sa thèse en 1848 sur l'origine des couleurs du ciel, bleu à midi, rougeoyant à l'aurore et au coucher, c'était plus pour en donner une explication mathématique et physique que pour en exalter la beauté.

En 1850, il publia un article dans les *Annalen der Physik und Chemie* dont la pertinence fait de **Clausius, le fondateur de la thermodynamique moderne**. Il y a, selon lui, une contradiction entre le principe de la conservation de l'énergie et celui de Carnot. Le premier principe est celui de la conservation de l'énergie, le deuxième concerne l'évolution.

L'énergie. Le feu (qui lui-même résulte d'une combustion...) en transformant l'eau en vapeur, libère l'énergie contenue dans le liquide et la vapeur donne de l'énergie mécanique au pompe qui retire l'eau des mines... mais le système n'est pas réversible. L'énergie de l'univers a une valeur donnée une fois pour toute. Elle ne peut que décroître. Toutes les formes d'énergie ont deux origines. L'origine cinétique, génératrice en particulier de l'énergie thermique et l'énergie potentielle, dont l'énergie chimique résultant des forces d'attraction entre atomes et pouvant être convertie en énergie cinétique et en chaleur. L'étude des relations entre l'énergie thermique et l'énergie mécanique des systèmes au cours des transformations, constitue la thermodynamique.

En 1865, Clausius formalise la notion d'irréversibilité de la transformation de l'énergie, par la fonction **entropie S**.
Au cours d'une réaction chimique, lorsque les réactants donnent des produits avec émission de chaleur, les produits sont *plus en désordre* que les réactants : l'entropie augmente, elle permet de caractériser le

degré de désorganisation d'un système. A une température T, la quantité de chaleur émise dQ est liée au désordre dS :

$$dQ = T.\ dS$$

Clausius a rapporté qu'il avait choisi le terme entropie, provenant du grec *entropê*, « transformation », pour qu'il soit similaire à énergie, car les deux entités ont une signification physique proche. L'appellation S aurait peut-être été donnée en hommage à Sadi Carnot, Clausius écrivait de lui, sur la première page de son article de 1850, "*comme le plus important des chercheurs dans la théorie de la chaleur*".

Au cours d'une réaction chimique spontanée, le système échange de la chaleur avec le milieu extérieur. Si cet échange a lieu à *pression et volume constants*, la quantité de chaleur du système est appelée **enthalpie H** (du grec *en*, dans et *thalpos*, chaleur). L'enthalpie diminue ($\Delta H < 0$), quand la réaction produit de la chaleur (exothermie), les produits sont plus stables que les réactants et la variation d'énergie est :

$$\Delta H = T.\ \Delta S$$

En 1876, Josiah Wilard **Gibbs** (1839 – 1903) remarque que l'entropie n'est pas une fonction directement utilisable, puisqu'il est impossible de mesurer l'entropie de l'univers. Il propose donc que la mesure de l'énergie disponible ΔG d'un système, appelée **enthalpie libre**, vienne de la différence entre ΔH – T. ΔS, soit la partie de l'énergie potentielle ΔH qui n'est pas dissipée sous forme de chaleur, liée au désordre T. ΔS.

$$\Delta G = \Delta H - T\Delta S$$

Si une réaction évolue vers un état de plus faible énergie, ΔG est négatif (la réaction est exergonique). Cette baisse est favorisée (si $\Delta S < 0$) ou spontanée (si $\Delta S > 0$) à toutes les températures. La réaction s'arrête lorsque dG est nul.

La thermodynamique aura donc ses **deux principes**, rappelés en 1865 par Clausius : le premier : l'énergie de l'univers est constante, il n'y a ni création ni perte d'énergie, seulement des transformations et le deuxième : l'entropie de l'univers tend vers un maximum, toute transformation ou échange d'énergie augmente son entropie. Et **trois fonctions** participent à son expression : l'entropie, l'enthalpie, l'énergie libre.

D'autres physiciens interviendront dans le domaine de la thermodynamique, parmi eux Jacobus Van't Hoff (1852 - 1911), brillant chimiste néerlandais, créateur de la chimie physique.

1-2- La concrétisation des théories relatives à la thermodynamique, par l'avènement de moyens révolutionnant le transport, bouscule les thèmes artistiques.

La modernité industrielle va suggérer de nouveaux sujets aux Arts. On va délaisser un temps, les colonnes et les chapiteaux des temples romains, les arcs de triomphe d'Auguste ou de Marc-Aurèle, les remparts à demi effondrés ; la curiosité et l'admiration l'emportent.

William Turner (1775 – 1851) peint, en 1844, il a 69 ans, l'évanescent *Pluie, vapeur et vitesse- Le grand chemin de fer de l'Ouest*. Dans une atmosphère d'un jaune doucement diffus, le ciel effacé de nuées fugitives, la terre barbouillée de brumes bistres, bordée de lueurs d'où émergent les lignes retenues d'un pont élancé, d'une barque égarée, d'un travailleur de la terre, et au milieu de ce paysage onirique, une mince cheminée noire, incongrue, se dresse, celle de la locomotive la plus moderne de l'époque, la *Firefly Class*, dont le peintre a voulu figurer la masse incandescente du foyer, elle s'avance à toutes bouffées de vapeur entre de profondes lignes de perspective, un lièvre effaré s'enfuit. William Turner avait peint auparavant d'autres motifs où étaient campés bateaux, ou machines mues par la vapeur : en 1839, *Le dernier voyage du Téméraire*, où, dans l'embrasement du soleil, le fastueux voilier, vétéran de la bataille de Trafalgar, est tracté par un remorqueur fumant, vers un dernier mouillage pour être détruit ; en 1842, *Tempête de neige en mer*, où un bateau à vapeur est malmené par une mer déchaînée et des rafales coupant le ciel.

Les gares où architecture de verre et de métal en font des "*cathédrales de l'humanité nouvelle*" selon Théophile Gautier (19), captivent **Claude Monet** (1840 – 1926). Le peintre de *Impression et soleil levant*, vient de quitter Argenteuil pour emménager à Paris et demande l'autorisation de poser son chevalet en gare. Il composera une série de douze tableaux sur *Les trains en gare de Saint Lazare* (1877) et présentera sept versions de ce thème lors de la troisième exposition impressionniste (1877) : la lumière s'engouffre sous la voute triangulaire de verre et d'acier, les volutes de vapeur, reflet blanc, lueur jaune, touche grise, chiffonnent le bleu du ciel, un wagon à l'arrêt, un train part, cheminée haute, membres d'acier, ventre bouillonnant, un voyageur passe. Monet a déjà vibré lors de la survenue des premières machines : en 1874, il a peint *Le pont de chemin de fer à Argenteuil*, en 1875 *Le train dans la neige*, et l'on peut imaginer que celui qui est à la source de l'impressionnisme, voulait aussi célébrer dans la couleur, l'apparition de ces machines mugissantes et mystérieuses, maîtrisées par l'homme.

Et d'autres peintres, célèbreront la vie nouvelle en cette fin de XIXe siècle : Gustave Caillebotte, en 1876, fera côtoyer ses élégants promeneurs, le long des structures de poutrelles métalliques du *Pont de l'Europe*, dominant la voie ferrée ; en 1879, Alfred Sisley fera surgir des champs juste fauchés, la *Gare de Sèvres* ; en 1886, Camille Pissaro guettera une *Voie de chemin de fer vers Dieppe* dans le calme de la campagne ; en 1894, un peintre américain Lionel Walden consacrera tout un tableau (*Les docks de Cardiff*, Musée d'Orsay) à une puissante locomotive s'avançant pesamment sur un lacis de rails. Et bien d'autres...

Nous avons déjà cité *La bête humaine*, film de Jean Renoir (1938). Le film s'inspire en partie du roman d'**Emile Zola** (1840 – 1902), publié en 1890. Dans ce roman, la machine à vapeur *La Lison,* palpitante comme une créature, est l'objet d'une affection toute particulière de la part du jeune machiniste Jacques Lantier. Cette machine impressionnante avec son corps imposant, ses roues et ses bielles, il peut la maitriser depuis sa cabine, il lève une manette, il enfonce une autre, la machine s'ébranle, c'est lui qui décide que les lourdes bielles s'animent, que les roues prennent les rails, c'est lui qui ausculte *La Lison* et décide de lui donner plus de puissance, avec son chauffeur qui alimente la chaudière. En toussotant deux ou trois fois, elle avance de plus en plus rapidement et puis elle prend son allure régulière, avalant les rails, tout en gardant son chemin, elle domine la campagne, parfois elle lance deux ou trois cris stridents, elle passe souveraine et disciplinée, sur les nouveaux ponts de fer qu'elle fait gronder, puis tout reprend sur la terre ferme, elle entre bravement dans la noirceur des tunnels, elle continue son chemin rondement, parfois Jacques voudrait la pousser à fond, la forcer, aller jusqu'à l'extrême limite dans un amour destructeur et quand il revient à lui, il la cajole dans un ronronnement protecteur. Continuant son chemin, *La Lison* voit s'élever l'angle des verrières de la gare et lentement va ralentir et enfin souffler. Quand Jacques descend de sa cabine, il jette un œil bienveillant à *La Lison*, encore toute transpirante, il la remercie d'avoir été si disciplinée, si docile.

Un jour, *La Lison,* qui effectue la ligne Paris – Saint Lazare – Le Havre, percute un attelage placé avec malveillance sur la voie ferrée, la locomotive est broyée...

Et plus tard, les Frères **Lumière** (Auguste et Louis) filmeront *L'arrivée d'un train en gare de La Ciotat* (1895), dont la projection épouvanta les premiers spectateurs, en janvier 1896.

La musique célèbrera aussi l'arrivée des trains, comme le rappelait une émission de radio (39). Neuf compositeurs étaient cités, depuis Johann Strauss père avec une valse (*Eisenbahn-lust-walzer* op 89) datant de 1836 ; un chant de voyage pour basse et piano de 1840, du russe Mikhail Glinka et *Le chemin de fer* op 27 (1844) du pianiste et compositeur Charles Valentin Alkan. Les lignes de chemin de fer britanniques étaient, paraît-il, toujours inaugurées par les chœurs de l'acte III de *Judas Maccabaeus* (1746) de Georg Friedrich Haendel (1685 – 1759).

En 1804, le premier train à vapeur de l'ingénieur anglais Richard Trevithick (1771 – 1833) circule à Pen-y-Darren, au pays de Galles. En 1826, l'ingénieur français Marc Seguin (1768 – 1875), inventeur de la chaudière tubulaire, construit la ligne de chemin de fer entre Saint-Etienne et Lyon (6) : Trains, navires, mus par les machines à vapeur seront des acteurs et les outils essentiels dans la première révolution industrielle.

Mais les machines à vapeur doivent être alimentées par du charbon et si ces machines permettent de lutter contre les eaux d'infiltration, elles permettent aussi l'exploitation des mines par un nombre croissant de *galibots*, enfants qui poussent les *barous* chargés de charbon, dans des boyaux étroits, de *herscheurs* qui font circuler les *barous*, de *haveurs*, abattant des blocs de houille, de *raucheurs* qui entretiennent les galeries, et tout un prolétariat qui vit dans des conditions misérables et après des provocations, fait éclater des grèves éprouvantes (cf. *Germinal*, 1885). Et lors de la sortie de la mine, *ch'tis* du Nord-Pas-de-Calais, Polonais, Kabyles, Italiens, quand on voyait ces visages noircis qui s'éclairaient d'un coup d'œil ou d'un sourire, on avait envie de les embrasser et de leur dire : vous êtes des héros !

2- L'évolution des réactions chimiques dépend de la température

L'augmentation de la température accélère les réactions (la cuisson des préparations culinaires...) réalité à laquelle nous ne prêtons plus attention.

Une réaction chimique est caractérisée par la loi d'action de masse, évoquée par le chimiste français Claude-Louis Berthollet et formulée en 1864 par les Norvégiens Cato Guldberg et Peter Waage (19a). Selon cette loi, la **vitesse** d'une réaction chimique dépend de la **concentration des réactants**. A l'équilibre, les concentrations des composés sont reliées par une constante de réaction, la constante d'équilibre K.

2-1- L'inversion du saccharose, une réaction qui a été très étudiée.

Le **saccharose**, dénomination chimique du sucre, est un composé naturel issu de la canne à sucre (29), autrefois denrée rare et de luxe. Olivier de Serres (1539-1610) signala dans son traité *Théatre d'Agriculture et mesnage des champs* (1605) que le sucre était présent ans la betterave (33) et le chimiste allemand Andreas Margraaf (1709-1782) démontra en 1747 que le sucre de betterave était identique au sucre da canne (7). Au cours du blocus de 1812, Napoléon 1er encouragea la culture de la betterave sucrière.

L'inversion du saccharose (appelé *sucrose* chez les anglo-saxons) est une réaction biochimique très utilisée au cours des premières étapes de la biochimie. Il y avait de bonnes raisons à recourir à ce substrat. En milieu acide, le saccharose subit une séparation (appelée hydrolyse) en ses composants (deux oses) qui peut être suivie en lumière polarisée, sans avoir à réaliser des dosages périodiques et fastidieux. Le système est alors plus en désordre (ΔS est positif : + 38,9 joule mol^{-1} K^{-1}) et il y a une légère libération de chaleur (ΔH est négatif : -14,93 kilojoule mol^{-1}) et l'énergie libre ΔG est négative (ΔG : -26,53 kilojoule mol^{-1}) (d'après 18).

La **polarisation** de la lumière se manifeste quand le vecteur champ électrique est dévié par une substance ayant une dissymétrie au niveau moléculaire. Le spath d'Islande (formé de calcite très pure $CaCO_3$) donne deux images d'un objet, il est biréfringent. En 1815 Jean-Baptiste Biot mit en évidence que des substances amorphes (non cristallisées) ont également un pouvoir rotatoire (dit moléculaire) (1, 21). (NB, Louis Pasteur étudia l'activité optique des tartrates résultant de la fermentation des jus de raisins) (17).

La solution de saccharose qui était dextrogyre (+ 66,5°), *s'inverse*, devient lévogyre (-20°) quand l'hydrolyse a libéré les deux oses (D-glucose et D-fructose). En effet le D-glucose, appelé dextrose, en solution est dextrogyre : pouvoir rotatoire (+ 52,5 °) ; le D-fructose, appelé lévulose, en solution, est fortement lévogyre (- 92,4°). Le mélange des deux oses devient lévogyre.

Cette réaction a été très étudiée (28) et est à l'origine de définitions précieuses : le rôle de la température dans la vitesse de réaction (Arrhenius) et la constante d'équilibre (Michaelis et Menten).

2-2- La vitesse d'une réaction augmente avec la température.

Lorsque l'on considère une réaction chimique comme celle de l'inversion du saccharose en solution dans l'eau légèrement acide (représenté par H^+ et agissant comme catalyseur), la vitesse V de disparition du saccharose est proportionnelle à sa concentration initiale $[S_0]$: $V=k.[S_0]$, k est la constante de vitesse de la réaction.

Arrhenius a observé, en 1889, que la vitesse d'une réaction augmente quand la **température** augmente : entre 10°C et 100°C, la vitesse d'une réaction double pour une élévation de température de 10°C, d'où, après une série de travaux expérimentaux, il émit une loi empirique, dite **loi d'Arrhenius,** largement vérifiée ultérieurement et dont on peut donner ici l'ébauche.

La constante de vitesse k dépend de l'énergie d'activation (Ea) du saccharose en milieu acide (l'énergie vibrationnelle, s'ajoutant à celle des liaisons interatomiques) mais d'autres paramètres interviennent : la fréquence de collisions entre les réactifs, le facteur stérique : les molécules de saccharose doivent avoir une certaine orientation lors des collisions.

Plus E_a est grand, plus la constante de vitesse k est petite et plus la réaction est lente. Quand la température T augmente, l'énergie cinétique des molécules augmente, l'énergie d'activation qui doit complétée la précédente est plus faible et la fraction des collisions avec une énergie en excès de E_a s'accroit. La barrière d'énergie est rapidement franchie, la vitesse de la réaction est plus rapide (figure IV-1).

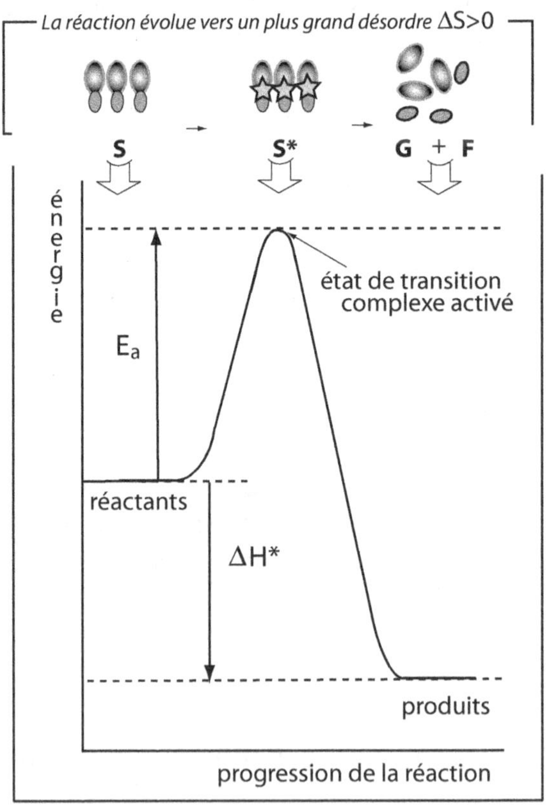

Figure IV-1.
Représentation thermodynamique de l'hydrolyse du saccharose en milieu acide.
Le milieu acide produit une énergie d'activation E_a, énergie minimum que doivent produire les molécules de saccharose S pour entrer dans un état de transition S* qui se résout par la séparation des deux constituants de la molécule, G (α-D-glucose) et F (β-D fructose).

Svante August Arrhenius (1859-1927), citoyen suédois, est estimé pour son œuvre majeure, la *dissociation électrolytique des solutions salines*, en l'absence de courant électrique, *entre ions positifs et ions négatifs*, qui lui valut le Prix Nobel de Chimie, en 1903.
Et pourtant, ses premiers travaux furent incompris, les chimistes ne les reconnaissant pas comme relevant de la chimie, ni les physiciens comme de la physique. Arrhenius présenta, au printemps 1883, un long mémoire, en français (certains diront "*dans un français approximatif*") à l'Académie des sciences suédoises sous le titre *Recherches sur la conductibilité galvanique des électrolytes*. Le jury ne comprit pas la portée de ses travaux et ne décerna qu'une mention de classe quatre (*non sine laude approbatur*). Arrhenius avait 27 ans et partit alors voyager en Allemagne, aux Pays-Bas de 1886 à 1890. Au cours de ces *Wanderjahre*, il visita différents laboratoires, dont celui de van't Hoff à Amsterdam. En 1887, Jacobus Henricus van't Hoff (1852 – 1911) (qui sera Prix Nobel de Chimie en 1901) avait publié un mémoire où il reconnaissait l'analogie entre solution diluée et gaz, position vivement appréciée par Arrhenius, le défenseur de la dissociation des électrolytes. Parmi ses multiples activités, Arrhenius s'intéressa à nouveau à l'inversion du saccharose et particulièrement à l'action de la température. Utilisant l'équation de l'équilibre déduite en 1884 par van't Hoff, il réalisa l'importance de ce facteur. Ayant observé que la vitesse de la réaction s'accroît de 10 à 15 % pour une augmentation de 10°C, il supposa que des molécules de saccharose étaient activées, et que certaines avaient acquis une énergie d'activation (la loi dite d'Arrhenius a été publiée en 1889).

Revenant à Stockholm, il fut nommé professeur de physique à l'université en 1895, puis recteur. Arrhenius s'intéressa alors à la physique et à la chimie des phénomènes cosmiques et météorologiques. En 1896, il développa une théorie sur les changements climatiques, le dioxyde de carbone absorbant les radiations infra-rouges émises à la surface de la Terre, forme une couverture thermique et crée ce que l'on appelle aujourd'hui **un effet de serre**. Il calcula qu'un doublement du taux de CO_2 atmosphérique donnerait un réchauffement d'environ 5°C (2 à 4,5 °C sont admis en 2007). Là encore, il ne fut pas cru des géologues. Il s'intéressa aussi à la **panspermie**, des graines, des spores auraient pu venir des espaces interstellaires, et ensemencer la Terre. Au cours de ses dernières années, son dynamisme fut troublé par sa participation à la Société suédoise d'hygiène raciale.

2-3- Les enzymes et les enzymes en thermodynamique.

L'étude des enzymes a envahi la chimie de la vie et débordée vers les établissements industriels. Les enzymes prennent part à nos activités quotidiennes depuis la nuit des temps. Dans l'Egypte ancienne, la bière, brassée à partir du blé et de l'orge cultivés sur les bords du Nil, était la boisson habituelle. Vers 3.300 ans av. J.-C. on trouve dans les tombes funéraires princières de l'Egypte, des jarres provenant de la région syro-palestinienne et vers 3.200 ans av. J.-C. le vin est produit localement (40). En Mésopotamie, vers 1.800 ans av. J.-C. le poème sumérien *Un hymne à Ninkasi* gravé sur des tablettes d'argile, donne des indications pour brasser la bière. Encore il y a peu, en Amérique du Sud, les femmes indiennes Jivaros mastiquaient du manioc cuit avant de le disposer dans de grands chaudrons où leur salive permettait une fermentation donnant une sorte de bière...

Les manifestations où interviennent les enzymes ont été le thème de nombreuses investigations. Parmi elles : la digestion (le biologiste italien Lazzaro Spallanzani, -1729 – 1799) ; la fermentation -1858 – 1871 due aux microorganismes (Louis Pasteur -1822 – 1895).

Emil Fischer (1852 – 1919) apporta une précision qui illustrera l'action des enzymes. Ce chimiste allemand fut amené à occuper différents postes, notamment à Strasbourg où il soutint sa thèse en 1874. Ses travaux sur la synthèse des sucres et des purines (caféine...) furent couronnés, en 1902, par le Prix Nobel de Chimie (il a aussi découvert la proline dont nous reparlerons...). Mais ensuite, sa vie s'assombrit, un cancer survint suite à la surexposition aux vapeurs de phénylhydrazine (5) et des dérivés qu'il avait découverts ; deux de ses fils moururent au front au cours de la première guerre mondiale, finalement, il se suicida le 15 juillet 1919. Pour les enzymologistes, il sera toujours cet observateur des enzymes hydrolysant les glucosides qui faisaient la distinction entre les isomères, ce qui l'amènera à énoncer : la molécule de substrat s'ajuste dans le site de l'enzyme "*comme une clé dans une serrure*" (1894), première définition claire de la complémentarité moléculaire. **La *serrure* est le site actif de l'enzyme, le site catalytique.**

La vie se manifeste par un réseau de voies métaboliques qui s'animent dans des réactions qui s'enchaînent mais ne peuvent se dérouler avec efficacité qu'en présence de **catalyseur,** substance *étrangère* à la réaction et *non consommée* par la réaction. Le catalyseur augmente la vitesse de la réaction en favorisant le contact entre les molécules réactives et en permettant les échanges de radicaux. Les catalyseurs dans la matière vivante sont des molécules organiques particulières, **les enzymes** (leur nom est tiré du grec *en* « dans » et *zumê* « levain » ou levure) dont la nature est le plus souvent protéique. Le mot a remplacé des termes anciens : *diastase* (*séparation*, en grec) et *ferment soluble* (composé permettant la fermentation), mais le terme de *ferment* fut encore employé dans la célèbre publication dont nous faisons ici référence...

Une improbable rencontre de deux médecins biochimistes : Leonor Michaelis et Maud Leonora Menten, un solide berlinois de 37 ans et une ravissante canadienne de 33 ans ont laissé leur nom à une équation décrivant la cinétique d'action d'une réaction enzymatique. Les deux biochimistes, étudièrent, en 1912, la même réaction que celle déjà analysée avec Arrhenius, mais l'hydrolyse du saccharose est obtenue ici sous l'action d'une enzyme (l'invertase), au lieu d'un simple milieu acide. Il s'agissait donc de préciser la **vitesse de réaction sous l'influence d'une enzyme** (et non plus l'influence de la température). L'invertase E (présente dans les levures, la muqueuse intestinale de l'homme) permet l'hydrolyse rapide du saccharose S et la formation du produit P :

$$\underset{\text{S}}{\text{saccharose}} \xrightarrow[]{\substack{\text{E} \\ \text{invertase}}} \underset{\text{P}}{\text{glucose} + \text{fructose}}$$

La vitesse d'une réaction enzymatique dépend de la concentration en substrat S, voici le résumé très simplifié d'une partie des travaux des deux biochimistes, résultat déjà établi dans les réactions chimiques pures. Lorsqu'une enzyme E est en présence de son substrat S, il se forme un produit P avec une vitesse V (le taux de réaction). Si on augmente la concentration en substrat, la vitesse augmente jusqu'à une certaine valeur, V_{max}, qui reste constante malgré l'augmentation de substrat (figure IV-2).

La concentration de substrat correspondant à la moitié de la V_{max} est le **K_m, constante de Michaelis et Menten**, caractéristique de l'enzyme.

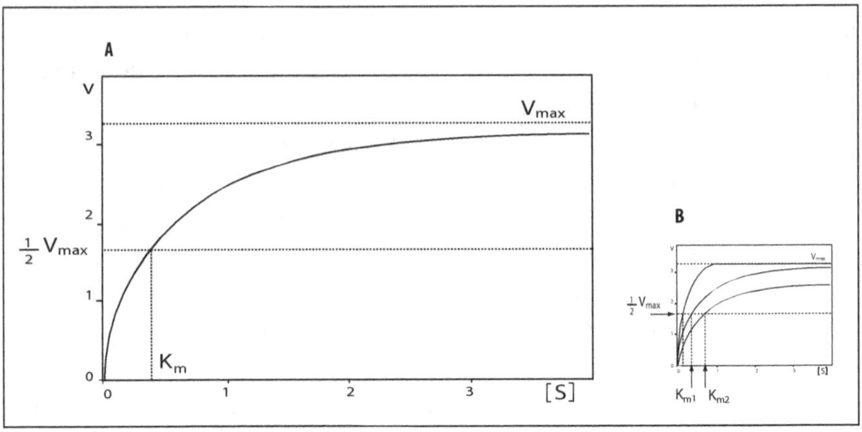

Figure IV-2. **La courbe de Michaelis et Menten. A)- La vitesse d'une réaction enzymatique dépend de la concentration en substrat.** A faible concentration de substrat, la vitesse est proportionnelle à la concentration de substrat (réaction d'ordre 1). A forte concentration, une vitesse maximum V_{max} est atteinte et reste constante pour des concentrations supérieures en substrat. L'enzyme est saturée par le substrat (réaction d'ordre zéro). On admet que, chez *Escherichia coli*, la concentration des métabolites est supérieure au K_m de la plupart des enzymes.
B)- La constante K_m. Un K_m *faible* (K_{m1}) signifie que la vitesse V_{max} est rapidement atteinte, donc que l'enzyme a une *forte* **affinité** pour son substrat (les courbes doivent finalement rejoindre celle de V_{max}, non figuré ici).

L'activité d'une enzyme E se déroule en deux étapes :

$$E + S \underset{k_{-1}}{\overset{k_1}{\rightleftharpoons}} ES \xrightarrow{k_2\,(k_{cat})} E + P$$

La première réaction est encore réversible (k_1 et k_{-1} sont des constantes de vitesse), la deuxième est irréversible, la constante de vitesse k_2 est encore appelée constante catalytique k_{cat}. Cette dernière constante k_{cat} correspond au *turn over number*, le nombre maximum de molécules de substrats convertis en produits par un site catalytique d'une molécule d'enzyme et par unité de temps. L'appréciation de l'**activité** de l'enzyme n'est pas seulement donnée par k_{cat} mais aussi par le K_m.

Le calcul de la vitesse de la réaction enzymatique, en fonction des données précédentes, donne :

$$V_{max} = k_{cat} . [E_0]$$

E_0 étant la concentration initiale de l'enzyme. Ce résultat a été obtenu par l'étude de l'action de l'invertase sur le saccharose et les résultats furent publiés par Michaelis et Menten, il y a un peu plus de cent ans dans un article très détaillé de 36 pages dans un journal de Biochimie allemand où d'autres aspects de la réaction sont envisagés (inhibition compétitive due aux produits de la réaction...) (24). Il n'est pas inutile de rappeler brièvement le parcours de ces deux biochimistes, qui ont laissé leur nom à une définition à laquelle tout chercheur fait référence ; deux parcours différents, Leonor Michaelis, un parcours ardu, des chemins imprévus, mais un intérêt inébranlable pour l'expérimentation ; Leonora Menten, une persévérance à toute épreuve, une collaboration inattendue pour les profanes, une reconnaissance modeste, loin des lieux de prestige.

Leonor Michaelis (1875 – 1949) travailla d'abord en embryologie et passa sa thèse de médecine sur le premier clivage de l'œuf de grenouille, puis devint l'assistant de Paul Ehrlich ce qui l'amena à approfondir la chimie organique des colorants et leur interaction avec les tissus. Ehrlich lui conseilla de s'investir dans la médecine clinique, car, selon lui, "*seul un homme ayant une fortune suffisante peut continuer dans la recherche scientifique fondamentale*" (conseil que certains parents ont du donner, depuis, à leurs enfants !). Particulièrement doué pour l'enseignement et la recherche, Michaelis pressentit cependant, paraît-il, un obstacle à l'évolution de sa carrière en clinique du fait de sa judaïté, et ira alors occuper un poste dans les hôpitaux de Berlin et devint directeur du laboratoire de bactériologie en 1906, mais il monta aussi un petit laboratoire de recherche sur les protéines et les enzymes. En 1912, Maud Leonora Menten fut attirée, comme tant d'autres, par ce modeste laboratoire très actif et ils publieront ensemble, en 1913, le résultat de leurs travaux (24). Deux

années plus tard, Michaelis mit en doute la reproduction des travaux d'un physiologiste suisse travaillant en Allemagne, Emil Abderhalden (11), très apprécié des Allemands pour ses travaux et ses idées (il soutenait le projet de développement d'un test sanguin permettant d'identifier les sujets Aryens, des non-Aryens), ce qui ne contribua pas à l'intégration de Michaelis dans le tissu scientifique germanique. En 1922, il fut invité pour trois ans au Japon dans la future université de Nagoya. Mais en 1923, le biologiste et physiologiste Jacques Loeb (1859 - 1924), américain d'origine allemande, lui proposa de faire des conférences aux Etats-Unis. En 1925, Michaelis rejoignit Baltimore (*Johns Hopkins University*), puis New York (*Rockeffeler Institute for Medical Research*). Il obtint enfin un poste définitif, à 54 ans et continua des travaux sur l'oxydo-réduction des composés organiques. Pour la petite histoire, signalons qu'il montra que la réduction de la cystine de la kératine des cheveux par le thioglycolate donne une forme soluble de la kératine, réaction qui sera à la base de la *permanente* à froid.

Maud Leonora Menten (1879 – 1960) fut, en 1911, la première femme médecin du Canada. Après un séjour d'un an, au *Rockefeller Institute for Medical Research*, elle partit, en 1912, à Berlin et travailla avec Michaelis sur l'invertase. Les deux biochimistes reprirent les travaux du français Victor Henry (1872 – 1940) qui avait déjà choisi cette enzyme dont on pouvait suivre assez facilement l'action sur le saccharose par *inversion* du pouvoir rotatoire de la solution. Cette collaboration se concrétisera par la publication de 1913 (24). Maud Menten repartit aux Etats-Unis, à Chicago, où elle soutiendra, en 1916, son doctorat de Biochimie. En 1923, elle rejoignit l'Ecole de médecine de Pittsburgh en tant que pathologiste clinicienne à l'hôpital pour enfant, mais elle tint à continuer un programme de recherche actif (elle effectua la première séparation des protéines par électrophorèse), elle ne sera professeur qu'en 1949, à 70 ans et finalement, elle retrouvera le Canada en 1951 et le *British Columbia Medical Research Institute*.

Chercheuse passionnée, douée d'un esprit vif, elle s'adonnait aussi à la peinture et jouait de la clarinette... Michaelis était lui, un pianiste talentueux et savait distraire ses amis, en improvisant, l'été, quand il prenait quelque moment de détente, alors qu'il était dans le laboratoire de biologie marine de Woods Hole, dans le Massachusetts, un laboratoire où de nombreux chercheurs firent leurs premières armes et dont certains furent Prix Nobel.

Le premier directeur de ce laboratoire, le zoologiste Charles O. Whitman (1842 - 1910) estimait nécessaire de combiner recherche et enseignement, assertion qui a été parfois oubliée par certains enseignants. On ne peut s'empêcher de se remémorer les premières années d'André Lwoff (1902 - 1994), futur Prix Nobel en 1965, qui, à l'âge de 18 ans, alla s'instruire à la Station biologique de Roscoff, sous la direction du réputé protistologiste Edouard Chatton (1883 – 1947).

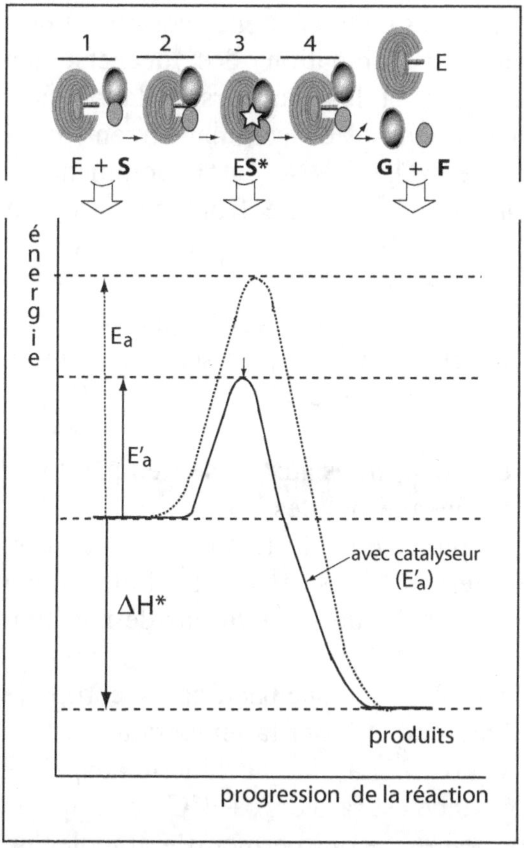

Figure IV-3. **Evolution d'une réaction en présence d'un catalyseur. Exemple de l'hydrolyse du saccharose S par l'invertase E.** (**1**) enzyme et son substrat S (saccharose), sont en présence, (**2**) l'enzyme a une affinité pour son substrat, (**3**) l'enzyme dont la conformation change, devient active et abaisse l'énergie d'activation qui deviendra (E'_a) nécessaire pour séparer les deux constituants de S. L'enzyme accélère la vitesse de la réaction. La diminution de l'enthalpie ΔH*, amenant une plus grande stabilité du système, reste la même, (**4**) la réaction terminée, les produits **G** (α-D-glucose) et **F** (α-D-fructose) sont libérés et l'enzyme est libre et de nouveau fonctionnelle. (E_a énergie d'activation dans une réaction sans enzyme).

En conclusion le rôle des enzymes dans l'évolution thermodynamique des réactions est de permettre à la réaction de prendre un autre chemin réactionnel avec un autre état de transition et un abaissement du seuil d'activation de la réaction (figure IV-3).

2-4- Les enzymes actives au froid et la croissance des bactéries psychrophiles.

Les protéines et les enzymes sont les macromolécules qui interviennent directement dans les actes de la vie : elles contrôlent non seulement l'accès des aliments, l'élimination des déchets, les équilibres entre substrats et produits et les parcours métaboliques, mais aussi elles sont les rouages du poste de commandement de la cellule, de la machinerie nucléique, ADN, ARN... alors comment les enzymes peuvent-elles fonctionner alors que le froid engourdit la vivacité des agitations moléculaires ?

La comparaison du comportement des enzymes mésophiles à celui des enzymes psychrophiles permet de mieux préciser les facteurs permettant l'adaptation aux basses températures.

La croissance des bactéries psychrophiles aux basses températures est moins forte que celle des bactéries mésophiles à 37°C.
Escherichia coli, bactérie mésophile, dont le temps de génération (TG) (temps mit pour qu'une bactérie se divise en deux cellules filles) est de 20 minutes à 30°C, dans les meilleures conditions de nutrition et d'aération.
Pseudoalteromonas haloplanktis TAC 125, une bactérie psychrophile isolée de l'eau de mer dans l'Antarctique, dont la température est en permanence entre -2°C et + 4°C (16, 22) a une machinerie adaptée à cet environnement, mais sa croissance est faible. A + 4°C, le temps de génération est d'environ quatre heures ce qui permet d'extrapoler un TG de 5 h 15 min à 0°C (16, 22). Par contre, la croissance est plus rapide à 18°C, le TG est d'environ 1 h 40 min. (notion que nous retrouverons pour l'activité enzymatique à 15°C).

Les activités enzymatiques sont très dépendantes de la température environnante. En reprenant l'exemple de la **β-galactosidase** de *E. coli*, son activité diminue et la constante K_m augmente quand la température baisse (25). Dans la plupart des cas, pour une baisse de 37°C à 0°C, l'activité des enzymes mésophiles diminue de 20 à 30 fois (16).

Une autre enzyme, l'**α-amylase** dégrade l'amidon en unités plus petites pour donner finalement des molécules de maltose. Elle permet une bonne comparaison de l'action de la température sur l'activité enzymatique : l'amylase de pancréas de porc (**Pp**) est active à 37°C (518 U) et celle de *Pseudoalteromonas haloplanktis*, (***Ph***) faiblement active à 5°C (179 U), mais très fortement à 15°C (392), ont les caractéristiques suivantes (4) :

	Activité enzymatique K_{cat} s^{-1} à tφ	à 15°C	Enthalpie activation à 15°C	Energie activation à 15°C
Ph	179	392	8,3	8,9
Pp.....	...518	141	11,5	12,0

tφ : température physiologique (5°C *Ph*, 37°C Pp)

(D'autres α-amylases dont l'optimum d'activité est à une température plus élevée, ont été comparées ultérieurement (ectotherme de la Drosophile, thermophile d'une bactérie vivant à 55°C) (4), et confirment les conclusions qui viennent d'être données.)

Notons qu'à 15°C, *Pseudoalteromonas haloplanktis* TAC 125 développe une activité enzymatique plus élevée, que celle de l'enzyme pancréatique. La forte activité catalytique à 15°C est due à une diminution de l'énergie libre d'activation (ΔG* psychrophile) (16, 22).

Cette nouvelle flexibilité a plusieurs conséquences : l'enzyme est moins stable et présente une affinité plus faible pour les substrats, mais développe aussi une haute efficience catalytique entre 0 et 30°C (14). Elle s'est aussi réorganisée, donnant une diminution de l'entropie.

Notons que si la vitesse de réaction de l'enzyme sur le substrat est diminuée, cette diminution peut parfois être compensée par une augmentation du nombre de sites actifs. Ainsi la β-galactosidase d'un *Arthrobacter* psychrophile (36) est formée de six monomères alors que celle d'*E. coli* n'en comprend que quatre.

Le site actif d'une enzyme et son environnement : l'exemple de l'α-amylase.

Les 24 résidus chimiques participant au **site actif** de l'α-amylase *psychrophile* de *P. haloplanktis* sont identiques à ceux de l'α-amylase *mésophile* de porc (32). Mais l'**environnement** de l'enzyme psychrophile est remanié, il devient plus flexible, de volumineuses chaînes latérales sont remplacées par des groupements plus petits ou de discrètes substitutions modifient les potentiels électrostatiques et permettent un meilleur accueil du substrat ; le démasquage de groupements chargés électriquement peut orienter le substrat pour une meilleure approche (12, 16, 38). De ce fait le site catalytique accepte des substrats plus variés. Ainsi une α-amylase de psychrophile dégrade plus facilement des polysaccharides ramifiés que ne peut l'effectuer l'enzyme homologue mésophile. Il en résulte une **liaison moins forte du substrat au site catalytique**, une affinité plus faible, un coût énergétique plus faible. La libération des produits de la réaction est aussi facilitée.

Le reste de la molécule a une structure plus flexible que celle des molécules homologues mésophiles. Le **domaine central** présente une diminution du nombre et de l'intensité des liaisons hydrophobes et de micro-dépliages de la molécule : la configuration est moins compacte que celle des enzymes homologues mésophiles. **En surface** de la protéine, une diminution du nombre des résidus chargés et une augmentation de la glutamine et de la thréonine réduisent les charges sans provoquer d'agrégation qui pourrait résulter d'une surface trop hydrophobe (34).

Mais chaque enzyme a adopté sa propre stratégie, réalisant des modifications de structure très discrètes et très variées.

Parmi les organismes adaptés aux basses températures appartenant aux trois domaines *Bacteria*, *Eukarya*, *Archaea*, on s'intéressera préférentiellement ici aux *Bacteria*, pour tenter de mieux percevoir les mécanismes d'une longue évolution qui s'est incrustée dans les gènes et permet la transition entre psychrophilie et mésophilie ou *vice versa...*

3- Quelques exemples de modifications structurales apportées chez les bactéries psychrophiles.

La diminution du nombre et la modification de la nature des liaisons au sein de l'enzyme : ces restructurations résultent de la substitution d'un ou de plusieurs acides aminés dans la protéine. Les **liaisons ioniques**, correspondent à un *don* : un électron est arraché définitivement et l'atome devient un cation, chargé positivement, alors que celui qui a reçu l'électron devient un anion. Les liaisons ioniques sont faibles, mais stabilisées par une *diminution* de température. **Les interactions hydrophobes** surviennent entre radicaux hydrophobes et apolaires, comme dans le tryptophane : les « liaisons » sont ici endothermiques et stabilisées par une *augmentation* de température.

La substitution d'acides aminés conduit à une diminution du nombre des liaisons intramoléculaires et le remplacement d'acides aminés rigides par des composés plus flexibles donnant une plus grande plasticité à la protéine. Ces modifications sont démontrées par la comparaison d'enzymes psychrophiles à leurs homologues mésophiles au cours de l'analyse de la structure des cristaux des enzymes aux rayons X. La **glycine** donne une grande flexibilité : l'atome de carbone ne présente que deux substituants différents qui peuvent se déplacer. La glycine n'a pas de carbone β et confère plus de flexibilité conformationnelle au squelette peptidique que l'alanine : lorsqu'elle fait partie d'un squelette peptidique en solution, elle lui confère donc une plus grande entropie conformationnelle que les acides aminés branchés (alanine, valine...). Il faudra par conséquent, plus d'énergie libre pour limiter la conformation de la glycine durant le repliement du polypeptide (22). Mais **la flexibilité s'accompagne d'une faible stabilité.**

La **proline**, qui présente un cycle pyrrolidine, confère, pour les mêmes raisons, de la rigidité à la protéine.

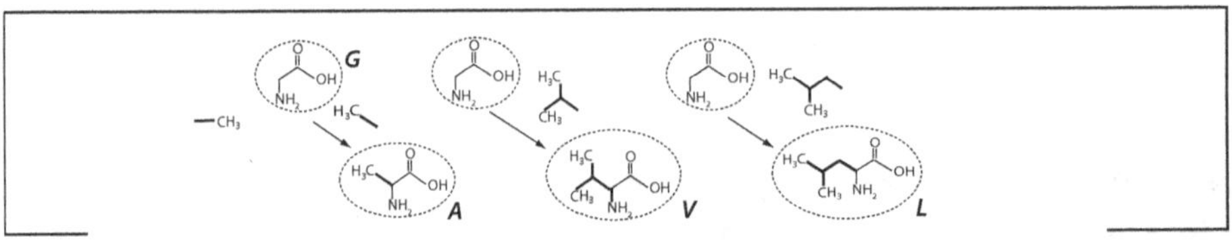

*L'addition des méthyles —CH2- à la glycine **G** permet d'obtenir l'alanine **A**, la valine **V**, la leucine **L***

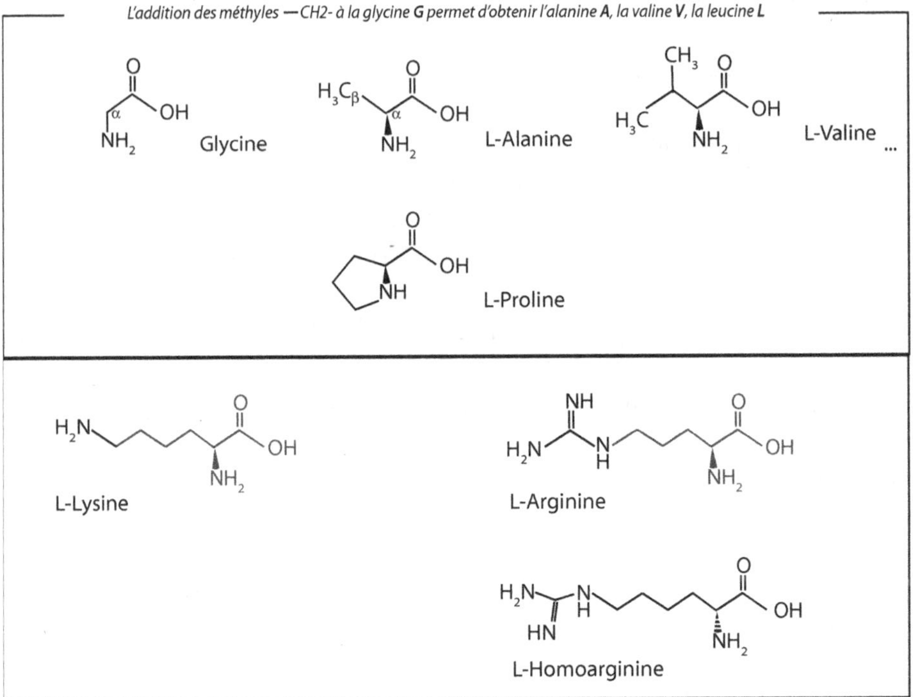

Figure IV-4. **Le rôle des résidus non branchés**. La **glycine** présente deux substituants différents qui peuvent se déplacer. La glycine n'a pas de carbone β et confère plus de flexibilité conformationnelle au squelette peptidique que l'alanine : lorsqu'elle fait partie d'un squelette peptidique en solution, elle lui confère donc une plus grande entropie conformationnelle que l'alanine. Il faudra par conséquent, plus d'énergie libre durant le repliement du polypeptide (23). Par contre l'**alanine** présente quatre substituants différents : H, CH_3, COOH, NH_2, qui rendent la molécule plus rigide (le carbone est dit *asymétrique*). Les résidus non branchés donnent plus de fluidité que ceux présentant un carbone β branché comme la **valine**, la thréonine, l'isoleucine. La **proline**, qui présente un cycle pyrrolidine, réduit les rotations autour de N-Cα et confère de la rigidité à la protéine. **Bandeau**. Exemple de filiation d'acides aminés.

La **lysine** donne plus de souplesse aux protéines que l'arginine. Le remplacement de la lysine, dans l'α-amylase de *P. haloplanktis* par l'homoarginine, transforme l'enzyme psychrophile en une enzyme mésophile : elle est plus stable mais moins active (35). L'arginine contracte des liaisons multiples. De plus, et surtout en milieu alcalin, les liaisons sont plus stables qu'avec la lysine, du fait de la plus forte alcalinité des résidus basiques (=NH-) dans l'arginine (2, 3, 26, 27,37).

Un aspect de l'adaptation des enzymes et des protéines au froid est la manière dont est utilisée la **proline** dans la construction de ces molécules (42). En règle générale les acides aminés intervenant dans la constitution des protéines s'enchaînent par des liaisons peptidiques -CO-NH- en *trans*, les premiers atomes de carbone C^{α} de chaque acide aminé étant de part et d'autre de la liaison -C-N-. Cette configuration est plus stable sur le plan énergétique que la configuration *cis*, la barrière énergétique séparant les deux états étant d'environ 20 kcal/mole. Les acides aminés en configuration *cis* sont donc plus rares (moins de 3% des liaisons) et parmi ces derniers la proline est l'acide aminé le plus représenté. Chez cet acide aminé, les configurations *cis/trans* sont quasi équivalentes sur le plan énergétique (8). Au cours de la synthèse protéique, lorsque la forme *trans* se présente pour constituer la chaîne peptidique, elle introduit un coude, un changement de direction, il est donc préférable que la proline prenne la forme *cis* à la suite d'une isomérisation *trans-cis* sous l'action d'une enzyme (isomérase), qui accélère de trois cents fois l'isomérisation, mais qui reste néanmoins un facteur limitant pour le repliage de la protéine et la croissance (cf. figure IV-5). Pour esquiver cette éventualité, les enzymes psychrophiles ont **réduit le nombre de prolines** dans leur chaîne peptidique (la proline est remplacée par la sérine, l'alanine ou l'acide aspartique). Une autre possibilité est d'augmenter le nombre de molécules d'**isomérase *trans-cis*** (figure IV-5A). De plus le **facteur TF** (*trigger factor*), chaperone moléculaire induite par le choc au froid, présente une activité prolyl-isomérase surexprimée chez *P. haloplanktis* (30). Il en est de même chez *E. coli* quand la température s'abaisse de 42°C à 16°C, voire 4°C (20). Notons qu'inversement, l'augmentation du nombre de prolines dans une série d'enzymes, augmente leur stabilité thermique (glucosidases de *Bacillus cereus)* (41).

D'autres substitutions d'acides aminés sont mises en œuvre par les psychrophiles. Pour prendre un exemple cité en 2013, la comparaison de 604 protéines de la bactérie *Halorubrum lacusprofundi*, (isolée du *Deep Lake* de l'Antarctique), avec les protéines orthologues* de bactéries mésophiles, met en évidence que 7,85% des acides aminés sont substitués. (10). D'autres exemples seront cités ultérieurement. D'après une étude du génome de quelques psychrophiles, on note un taux élevé d'acides aminés polaires non chargés (glutamine, thréonine) et un taux faible d'acides aminés hydrophobes (particulièrement leucine).

Le repliage des protéines : le modèle de l'entonnoir (*folding funnels*) résume les différentes propriétés des enzymes (figure IV-5). On peut illustrer cette étape, en y intégrant les informations biochimiques et biophysiques connues, donnant une vue d'ensemble du repliage d'une protéine, processus fortement régulé chez les bactéries.

Mais **l'énergie de repliement doit être préalablement orientée**. En effet, en 1969, le biologiste moléculaire Cyrus Levinthal (1922-1990) de l'Université Columbia (Etats-Unis), notait ce paradoxe, qu'un polypeptide de 101 acides aminés pouvait se replier de 3^{100} manières (*in* 43) [ce qui exigerait un temps extrêmement long (10^{27} ans) pour arriver à la bonne configuration !] or ce repliage correct se fait en quelques millisecondes. On peut supposer qu'au départ quelques séquences d'acides aminés stables se forment et constituent *un point de nucléation* autour duquel les résidus s'assemblent pour former la protéine native. Mais il peut y avoir des errements au cours de ce processus, responsables d'accrocs dans la courbe.

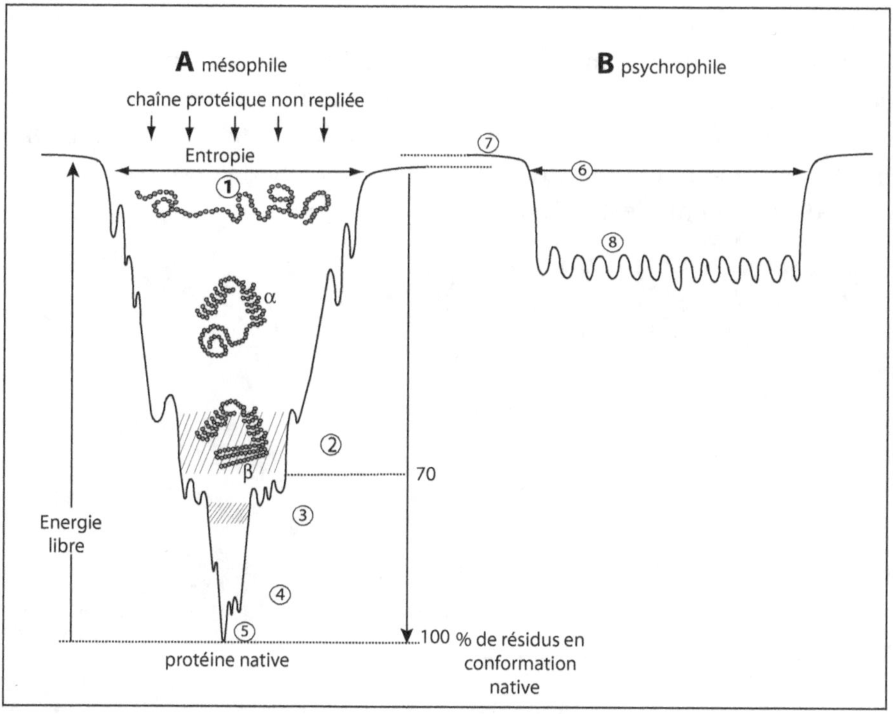

Figure IV-5. **Le repliement des polypeptides menant aux protéines : le modèle de l'entonnoir. A** Le repliement des protéines chez une enzyme mésophile. et **B** chez une enzyme psychrophile.

Représentation A-: Enzyme mésophile. Au départ, l'entropie et l'énergie libre sont élevées. Le polypeptide naissant est déplié et émerge de la machinerie (au niveau du ribosome) qui vient de lier les acides aminés. Il forme une chaîne **(1)** qui va ensuite se replier avec soin dans les trois dimensions **(2)** pour donner une protéine native fonctionnelle avec sa propriété catalytique **(5)**. Il y parvient avec l'aide de protéines particulières, les chaperones moléculaires. D'autres facteurs entrent également en action pour un bon repliement.

Représentation B : Enzyme psychrophile. L'étape de repliage est rapidement perturbée, malgré la surexpression des isomérases. Chez certaines bactéries psychrophiles (*P. haloplanktis*) les *peptidyl-prolyl isomérases* (dont celle manifestée par le *trigger factor*) (22) sont surexprimées pour permettre une activité des protéines à basse température.

L'enzyme garde un niveau d'énergie libre élevé avec un désordre et une instabilité importants (entropie élevée). L'enzyme est donc instable et flexible, propriétés déterminant l'activité à basse température. Les nombreuses aspérités au fond de l'entonnoir **(8)**, représentent une population de conformations, chaque conformation a une modification modeste d'entropie et d'énergie libre.

V- Une bactérie psychrophile, *Pseudoalteromonas haloplanktis*
Trois exemples d'enzymes psychrophiles

Il n'y a pas de modèle commun à toutes les protéines pour l'adaptation au froid. Par contre **la *comparaison d'enzymes* catalysant la même réaction** mais actives dans des organismes vivant à différentes températures, permet d'entrevoir la nature des retouches moléculaires pour maintenir une activité cellulaire. Rappelons que l'activité des enzymes psychrophiles, à basse température, est jusqu'à dix fois celle des enzymes mésophiles et compense la lenteur des réactions.

Une bactérie psychrophile et halophile, *Pseudoalteromonas haloplanktis*. Nous avons retenu cette bactérie pour montrer comment une bactérie vivant aux basses températures, pouvait faire face aux différentes situations créées par son environnement.

1- *P. haloplanktis*, TAC125, bactérie à croissance rapide encore à 20°C, dont le génome a été séquencé (24), a été isolé le long de la banquise dans l'Antarctique, au voisinage de la station française Dumont d'Urville, dans de l'eau salée, dont la température évolue entre -2°C et +4°C. Cette bactérie endure des températures plus basses quand elle est prise dans des veines liquides au sein de blocs de glace. Elle fait partie d'un vaste ensemble (la classe des γ-proteobacteria), bacilles (bactéries en forme de bâtonnet) à Gram* négatif comprenant des bactéries du milieu hydrique et de nombreuses bactéries pathogènes. **La croissance** à +4°C est faible, le temps que met la bactérie pour donner deux cellules filles (temps de génération)

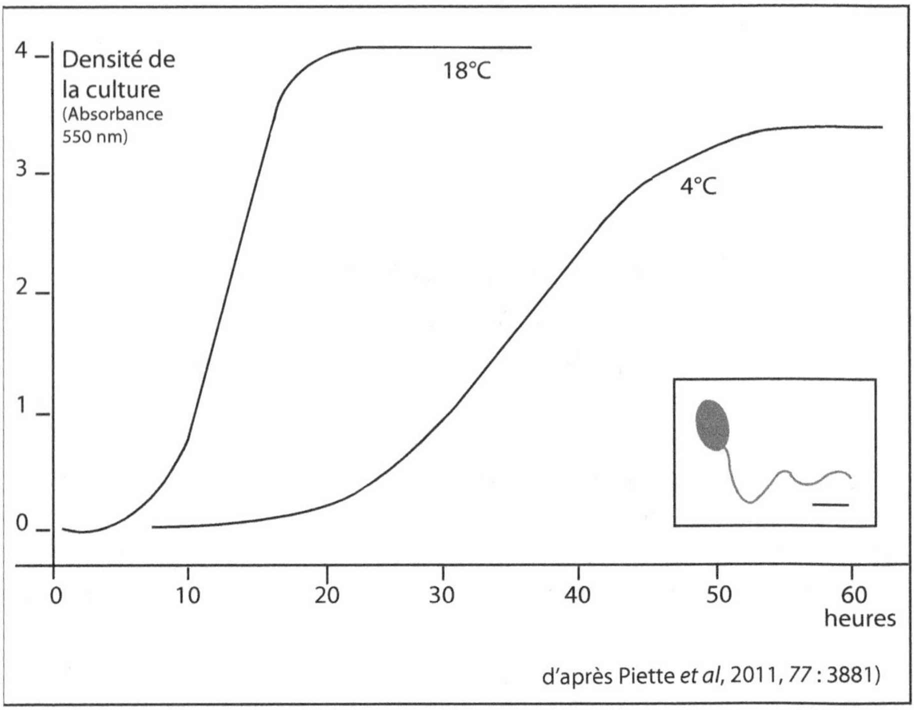

Figure V-1. **La croissance de *P. haloplanktis* à différentes températures.**
A +4°C, le temps de génération (TG) de la population bactérienne est d'environ quatre heures, ce qui permet d'extrapoler un TG de 5h 15 min à 0°C (29). A 18°C le TG est d'environ 1h 40 min, la croissance est donc plus rapide. **Encart. *P. haloplanktis* en microscopie électronique** par transmission avec fixation de l'échantillon par le tétroxyde d'osmium (d'après ref 24) (barre : 2μm).

est d'environ 4 heures, alors qu'à +18°C il est de 1 heure 40 min, la croissance est donc plus rapide (figure V-1) (29) et dans ces conditions, *P. haloplanktis* est très mobile par son unique flagelle (figure V-1).

1-1-Adaptation au froid. Avant de comparer les enzymes de *P. haloplanktis* à celles de bactéries mésophiles, voyons comment cette bactérie s'est accommodée de conditions thermiques plutôt fraiches. Parmi ces particularités, signalons les **protéines d'acclimatation au froid (CAP**, *cold acclimatation proteins*), produites en permanence et à des taux élevés, aux basses températures (29). A +4°C, leur nombre est de 142 (alors que 309 autres protéines sont réprimées) et correspondent aux protéines qui sont surexprimées à 20°C et parmi elles, il y a des protéines de choc thermique (chaperones), protectrices des protéines. La répression de 309 protéines à +4°C est certainement préjudiciable à la bonne vitalité de la bactérie. Cependant elle est compensée par la surexpression du ***trigger factor*** (37 fois la valeur à 18°C) dont la fonction chaperone peut suppléer celles absentes (28). Ce facteur est lui-même très adapté aux basses températures avec une conformation flexible et une stabilité optimale vers 0°C, température idéale lui permettant d'agir sur les polypeptides encore non repliés (28). Il est surprenant que la moitié des protéines réprimées à +4°C soient impliquées dans le métabolisme général, la vie ne peut donc se poursuivre qu'au ralenti, ce qui est bien traduit par la longueur du temps de génération de la bactérie. On peut alors interpréter la plus forte croissance à 18°C comme une nécessité, permettant à la bactérie, au cours des rares périodes de chaleur d'engranger des matériaux pour des périodes plus dures (figure V-1). Ces observations peuvent donner aussi une explication sur la persistance de bactéries viables pendant des dizaines de milliers d'années, le métabolisme étant réduit à l'extrême.

1-2-Adaptation au milieu salé (33). Cette bactérie du froid, isolée des mers antarctiques, est **halophile** comme son nom d'espèce l'indique et se multiplie dans un milieu riche en NaCl (20g / litre). La croissance est optimale dans des concentrations en **chlorure de sodium** allant de 1,5% à 3,5%, alors que les solutions, dites physiologiques, convenant habituellement aux bactéries sont à 0,9%. La tolérance au sel peut aller jusqu'à 4,5 M, soit 263 g de NaCl par litre. La bactérie possède donc un équipement lui permettant de maintenir un milieu intérieur protégé de l'hypertonie ambiante. En l'absence de NaCl, la croissance est nulle à 22°C, alors qu'elle reste encore significative à +4°C.

1-3-Défense contre un excès d'oxygène. Les bactéries psychrotrophes sont exposées à des concentrations en oxygène très élevées, provenant de la plus grande dissolution de ce gaz en eau froide. Cet aspect a déjà été développé (p. 64) et en plus des procédés déjà cités, *P. haloplanktis* a mis au point un mécanisme (par l'intermédiaire de dioxygénases) pour utiliser directement l'oxygène comme source d'énergie. Par surcroît, le séquençage de la bactérie a apporté de nouvelles informations (24) : le poste ADN de commandement de *P. haloplanktis* est représenté par *deux* chromosomes circulaires, ce qui est rare chez les bactéries. Le chromosome I se range dans la lignée traditionnelle des ADN bactériens, le deuxième est cinq fois plus petit et présente les caractères d'un plasmide (36). En général, cet ADN circulaire n'a pas de fonctions indispensables à la vie bactérienne, mais apporte quelques avantages supplémentaires à la bactérie qui l'héberge et est donc gardé par la cellule. Dans le cas de *P. haloplanktis*, des gènes localisés sur cet ADN participent à la protection de la bactérie contre l'oxygène (une catalase détruit le peroxyde d'hydrogène), mais aussi d'autres gènes permettent de lutter contre l'hyperosmolarité et apportent une nouvelle voie pour la sécrétion de l'amylase. Le séquençage de la totalité de l'ADN, comparé à celui des génomes mésophiles, a aussi mis en évidence une diminution des acides aminés sensibles à l'oxygène, méthionine, arginine, cystéine, histidine et une augmentation de l'asparagine comme s'il était prévu qu'une augmentation thermique pourrait provoquer une cyclisation du composé qui ne pourrait plus fournir de l'acide aspartique (10).

Plusieurs enzymes de *P. haloplanktis* ont été explorées pour leur caractère psychrophile par plusieurs équipes, dont celle très active de l'Institut de Chimie de Liège (Georges Feller) ; le séquençage du génome et son interprétation ont été réalisés et interprétés par plusieurs équipes, dont celle appartenant au Génoscope d'Evry (Claudine Médigue) et celle de l'Institut Pasteur de Paris (Antoine Danchin) (24).

2- La cellulase : une modification visible de la structure d'une enzyme psychrophile.

Comparaison avec la cellulase de *Erwinia chrysanthemi*. *P. haloplanktis* se développe au contact de débris d'algues riches en cellulose, et possède une enzyme, une cellulase, lui permettant de dégrader ce substrat. Les cellulases sont très répandues parmi les bactéries, mais la cellulase de *P. haloplanktis* s'est adaptée à œuvrer aux basses températures dans deux domaines : la préhension du substrat et l'activité enzymatique (18). Ces singularités sont mises en évidence en comparant l'enzyme de la bactérie psychrophile à celle d'une mésophile (une bactérie phytopathogène : *Erwinia* *chrysanthemi*). Les deux enzymes ont une structure assez originale répartie en trois domaines. D'un coté, le site de catalyse dont le domaine catalytique est volumineux ; à l'autre extrémité, le domaine permettant la liaison avec le substrat, la cellulose ; le troisième domaine est un groupe de liaison (*linker*) reliant les deux domaines précédents (figure V-2).

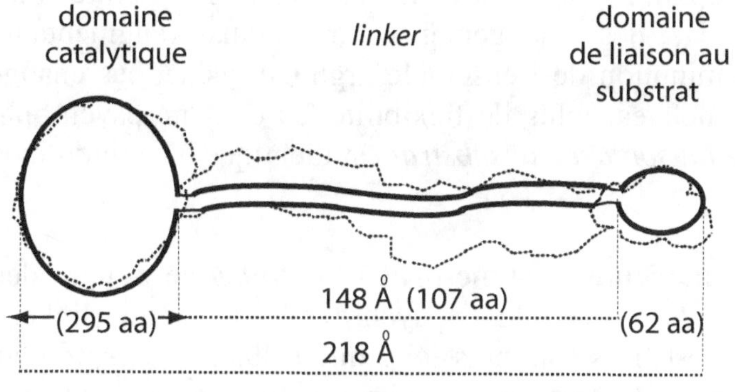

Figure V-2. **La structure de la cellulase de *P. haloplanktis*.** L'enzyme, formée de 462 acides aminés (aa) et de masse moléculaire de 49.454 Da, présente trois domaines. Le domaine **catalytique** est le plus volumineux (295 acides aminés), le domaine de **liaison au substrat** est cinq fois plus petit (62 acides aminés). Le **linker** est particulièrement long (107 acides aminés) (il y en a seulement 32 chez la bactérie mésophile *Erwinia*) comme si la bactérie psychrophile était mieux préparée pour explorer les endroits contenant la cellulose. Le *linker*, non compact, est très flexible du fait de la combinaison de nombreuses charges répulsives négatives et d'empêchements stériques, dus à des boucles transversales, empêchant la formation d'amas par interactions intramoléculaires (37).

L'enzyme psychrophile de *P. haloplanktis* a une activité catalytique importante à + 4°C. Sa valeur est quinze fois celle de la mésophile, alors que la structure des deux sites est identique. Cette activité croit d'une manière exponentielle jusqu'à 40°C et disparaît brutalement. Mais cette forte activité se fait aux dépens d'une faible affinité pour le substrat (l'activité de la mésophile est optimale à 55°C). De plus la cellulase de *P. haloplanktis* est active sur des substrats moléculaires plus volumineux que ceux de l'enzyme mésophile (9).

Sur le plan des structures, le *domaine catalytique* a une surface quarante fois plus accessible au substrat que celle de la mésophile. Il n'y a aucune modification du site catalytique, qui est identique à celui de la mésophile. Par contre la plus faible stabilité thermique s'explique par des changements structuraux (augmentation des glycines, diminution de l'ensemble arginine-lysine, ces changements donnent de nouveau plus de flexibilité à l'enzyme psychrophile. Le *domaine de liaison avec le substrat* est identique à celui du mésophile (37).

Le remaniement structural du *linker* est une deuxième particularité de la cellulase psychrophile (32). Le linker de *P. haloplanktis* est trois fois plus long que celui d'*E. chrysanthemi*. Ce segment polypeptidique met le site catalytique au contact de son substrat, la cellulose. Il est formé, chez le psychrophile, d'un long enchaînement de 107 acides aminés, très flexible, riche en glycine. Ce *linker* a un rôle majeur dans l'adaptation au froid, en permettant le déplacement de l'enzyme à la surface de la cellulose comme le ferait une chenille, et en permettant ainsi d'optimiser l'accès au substrat.

D'autres enzymes psychrophiles de *P. haloplanktis* peuvent être comparées à leurs homologues mésophiles présentes dans d'autres microorganismes.

3- La β-galactosidase de *P. haloplanktis* et la β-galactosidase d'*E. coli*. Cette enzyme, hydrolysant le lactose en glucose et galactose, a une structure parfaitement connue, en particulier la séquence de ses 1.024 acides aminés. *Pseudoalteromonas haloplanktis* (répertorié TAE 79) est également porteur d'une β-galactosidase (assemblage de 1.038 acides aminés) ayant les mêmes fonctions, mais à une température optimale d'activité de +4°C (21). Le site catalytique, constitué de cinq acides aminés (Glu, Glu, Met, Tyr, Arg) est identique chez les deux bactéries. Mais les autres modifications structurales vont toujours dans le même sens : diminution de la rigidité de l'enzyme favorable à une activité à basse température, s'accompagnant d'une diminution de la stabilité thermique. Le couple lysine - arginine évolue toujours dans le même sens : diminution des arginines (3,8% des acides aminés pour 6,5% chez *E. coli*) compensée par une augmentation des lysines, une diminution des prolines (4,4 % contre 6,2 %).

Cette observation a été confirmée en comparant une autre enzyme (**la superoxyde dismutase**, détruisant les superoxydes toxiques) de *P. haloplanktis* et de *E. coli*. L'enzyme psychrophile est plus riche en lysine (Arg / Lys : 0,18) que l'enzyme mésophile (Arg / Lys : 0,27) (25).

Ces dispositions concernent non seulement ces enzymes mais aussi l'**ensemble des protéines** des deux bactéries, comme le met en évidence les travaux de Médigue *et al* : augmentation des lysines, diminution des arginines (30).

Les conclusions obtenues avec certains couples bactériens, ne sont pas obligatoirement retrouvées avec d'autres : la β-galactosidase de *Halorubrum lacusprofundi*. Cette bactérie psychrotolérante est isolée du *Deep Lake*, en Antarctique, dont la température est en dessous de 0°C huit mois par an, et la concentration saline élevée (3,5 M en NaCl). L'équipe de Baltimore (11) a comparé la composition en acides aminés de 604 protéines de *H. lacusprofundi* avec les protéines orthologues* de 12 autres Haloarchaea mésophiles. En ne reprenant que la comparaison entre la β-galactosidase de *H. lacusprofundi* et celle de quatre *Haloarchaea* mésophiles, aucune substitution Arg--->Lys n'a été signalée.

4- L'α-amylase de *P. haloplanktis*.

L'α-amylase, dont nous avons vu quelques propriétés (p 101), est une enzyme très répandue dans le monde vivant. Elle est constituée par trois domaines, les domaines A et B participent au site catalytique. Elle hydrolyse l'amidon en maltose (formé de deux molécules de D-glucose).

L'équipe de l'Institut de chimie de Liège (Georges Feller *et al*) (13) s'est particulièrement intéressée à cette enzyme s'exprimant dans

Pseudoalteromonas haloplanktis à 2-5°C et active à des concentrations de NaCl allant de 0,01 M à 4,5 M (263 grammes par litre) (33) avec une activité maximale entre 0,5 et 2,0 M.

Comparaison de l'α-amylase de cette bactérie (13) **avec trois autres α-amylases** (ayant des optima thermiques différents) (5) : une enzyme mésophile du pancréas de porc (37°C), une enzyme provenant de la mouche du vinaigre, la drosophile (température ambiante) (3), une autre d'une bactérie thermophile (*Thermobifida fusca*) (55°C) (14, 35) On a donc un ensemble d'enzymes dont l'activité habituelle se manifeste à différentes températures.

La comparaison des propriétés des amylases est effectuée en utilisant plusieurs paramètres. On met en évidence que l'enzyme de *P. haloplanctis,* (i) a une activité catalytique faible à sa température physiologique (+ 5°C) (mais plus de deux fois plus élevée à 15°C) et que l'énergie d'activation nécessaire pour atteindre l'état de transition est également faible, (ii) l'enzyme est peu compacte, on peut y faire pénétrer facilement des composés (acrylamide, chlorhydrate de guanidine) disloquant les liaisons et provoquant la rupture de la structure primaire puis secondaire de l'enzyme, (iii) le dépliage est aisé ; soumise à la chaleur, la température de dénaturation de l'enzyme est la plus basse de toutes les enzymes.

L'enzyme psychrophile a une forte activité *spécifique* pour compenser la diminution de la vitesse de réaction à basse température. Cette forte activité provient de la disparition d'interactions variées non covalentes, qui, bien que faibles, donnent la stabilité aux enzymes. Il en résulte une plus grande flexibilité de la conformation à basse température permettant l'expression d'une activité enzymatique (27).

Comparaison des structures enzymatiques (14). Signalons d'emblée que les vingt-quatre résidus formant le **site catalytique** des trois premières α-amylases sont strictement conservés (1, 17), par contre les acides aminés entourant ce site sont différents et leur disposition vont dans le sens d'une plus grande flexibilité chez *P. haloplanktis* : - l'absence de plusieurs ponts salins en surface d'un domaine - une augmentation de l'hydrophilie, en particulier par le remplacement de la proline par l'alanine (résultat confirmé par un autre groupe d'auteurs) (26) - la réduction du nombre des interactions faiblement polaires impliquant une chaine aromatique... La comparaison de la **composition globale** en certains acides aminés apporte quelques informations supplémentaires (5, 14), en particulier sur le couple lysine – arginine. Le rôle de ces deux acides aminés a déjà été évoqué. Le nombre de molécules d'arginine de l'enzyme psychrophile, est notablement plus faible que celui de lysine.

5- Le rôle de la lysine dans l'enzyme psychrophile a été conforté par Siddiqui *et al* (30). Cette équipe a greffé sur les lysines de l'α-amylase de *P. haloplanktis*, une guanidine pour obtenir de l'homoarginine (hR) (cf. p. 104). L'enzyme devient plus stable mais est moins active (k_{cat} et K_m diminués et enthalpie d'activation augmentée). La substitution de la lysine 106 par (hR) forme un pont salin dans le domaine B de l'enzyme et en stabilisant le site actif, diminue la coopérativité de dépliage. Les substitutions lysine-hR altèrent aussi la liaison du calcium et du chlore, au site actif. L'enzyme psychrophile prend les caractéristiques d'une enzyme mésophile, plus thermostable mais moins active. On confirme à nouveau que l'augmentation du nombre de molécules de lysine est vraiment une adaptation aux basses températures.

Alors peut-on faire acquérir à une enzyme, une activité à de nouvelles températures, en *manipulant* des acides aminés ?

D'Amico *et al* (7, 8) ont obtenu des mutants de l'α-amylase *P. haloplanktis*, porteurs de cinq mutations, parfaitement identifiées, dont les paramètres thermodynamiques se rapprochent de ceux de l'enzyme de pancréas de porc. Ces mutations apportent des interactions faibles et des liaisons disulfures à l'enzyme psychrophile pour lui conférer une stabilité d'enzyme mésophile. Papaleo *et al* (26) ont effectué un travail très documenté sur ces mutants, confirmant que des modifications ont bien été obtenues en faveur des propriétés mésophiles. Cependant ils considèrent, en conclusion, qu'il reste des différences fondamentales à la fois dans la structure et la séquence des deux types d'enzymes et qu'il est impossible que les mutations seules puissent reproduire les interactions locales présentes dans l'enzyme de pancréas de porc. D'autres substitutions seraient nécessaires pour obtenir une enzyme totalement mésophile.

On peut encore méditer sur le chemin de l'évolution, l'évolution naturelle des enzymes vers des conditions thermiques différentes est l'aboutissement d'un long apprentissage et ne se résume donc pas à l'apparition de quelques mutations.

6- D'autres travaux sur les enzymes psychrophiles mettent en évidence les difficultés pour caractériser finement le caractère psychrophile.

Les expérimentations sont proches de celles que nous venons de rapporter, concernant les amylases. Elles comparent en général deux ou trois enzymes, de masses moléculaires aussi proches que possible et ayant les mêmes activités (sérine protéinase, (31) ; kinases (2) ; citrate synthase (23) ; analyses structrales comparatives de plusieurs enzymes (19, 20).

7- Conclusions : caractéristiques d'une enzyme psychrophile.

Les quelques exemples que nous avons rapportés ci-dessus, nous révèlent cependant l'hétérogénéité de nos connaissances. Néanmoins l'étude de la **dynamique structurale** reste essentielle pour comprendre l'évolution des enzymes : un petit changement structural local dû à une mutation peut modifier l'activité d'une enzyme en remaniant à distance la dynamique de conformation (6).

L'*hydrophobicité* augmente en surface alors qu'elle diminue au cœur de la protéine. La composition en acides aminés favorise une ***augmentation de la flexibilité*** de la structure pour compenser la rigidité provoquée par le froid (22), ce peut être par (i) l'accumulation de résidus glycine donnant plus de mobilité, (ii) la disparition des résidus de proline dans les boucles de la molécule, permettant une meilleure flexibilité entre les structures secondaires, (iii) une diminution des résidus arginines qui permettaient la formation de ponts salins et de liaisons hydrogène et leur remplacement par des lysines, (iv) une réduction de la taille de résidus non polaires de manière à créer des interactions hydrophobes plus faibles (11, 12), l'augmentation des acides aminés associés en hélices α, en évitant les prolines encombrantes dans les boucles. Finalement on obtient une limitation des interactions électrostatiques, des liaisons hydrogène, ainsi que des structures secondaires et l'assemblage des molécules en oligomères (4, 16).

L'amélioration de **l'interaction avec le solvant** est favorisée par une forte proportion de résidus non polaires, aux charges réparties de façon totalement symétriques en surface de la protéine, ou par un excès de charges négatives, ce qui augmenterait la flexibilité de la molécule à basse température (34). Mais **certaines modifications du milieu** sont défavorables : l'augmentation du double de la viscosité du solvant quand la température diminue de 37°C à 0°C (9), entraine une diffusion réduite des substrats et des difficultés d'interaction entre les réactants.

Les **répercussions thermodynamiques** se résument à une ***forte activité catalytique*** (k_{cat}) à basse température avec une ***faible stabilité thermique***, et une plus grande flexibilité du site catalytique et de son proche environnement. La diminution du nombre et de l'intensité des liaisons faibles permet une ***diminution du coût de l'énergie*** (faible enthalpie d'activation ΔH^*) et une approche facilitée des substrats tout en gardant une spécificité de substrats. L'activité spécifique reste élevée mais n'atteint pas toujours celle obtenue avec les enzymes mésophiles.

La forte activité catalytique obtenue est au dépens de la stabilité, comme si les enzymes avaient privilégié l'activité, la vie, à la pérennité dans la médiocrité.

Pour une vue globale de l'adaptation au froid, on pourrait reprendre le titre d'une publication de Georges Feller en 2007 (15) : "*La vie aux basses températures : le désordre est-il la force directrice ?*" et son argumentation : dans un environnement à faible contenu thermique (enthalpie) et à une température qui réduisent l'amplitude et la fréquence aussi bien des mouvements atomiques que moléculaires, les systèmes biologiques adaptés au froid ont recours à un plus grand désordre pour maintenir leur dynamique macromoléculaire et leur fonctionnement.

Et en plus des modifications des enzymes du métabolisme général, la réduction du nombre et de l'intensité des interactions faibles stabilisant le repliage, maintient l'activité biologique de toutes les protéines. Les protéines de choc au froid induites règlent les synthèses protéiques au niveau des premières étapes et agissent également comme des chaperones en empêchant la formation de structures secondaires au niveau des ARN.

L'accentuation de l'encombrement stérique des lipides obtenue par leur structure branchée et la présence des isomères *cis*, est destinée à déstabiliser la membrane et à maintenir sa fluidité. D'autres retouches sur les acides nucléiques, qui n'ont pas été citées, interviennent également.

Applications biotechnologiques des enzymes psychrophiles (voir "Documents" p.151)

VI- La vie et les espaces interstellaires

La découverte d'organismes qui se sont installés dans des environnements extrêmes, milieux que l'on pensait inaptes à toute existence, a rendu plus crédible la recherche d'une vie en dehors de la Terre, dans notre système solaire (4, 25,54). La vie pourrait s'exprimer par des cellules bactériennes psychrophiles dissimulées dans les anfractuosités, à l'abri des températures extrêmes des planètes les moins exposées au soleil. On a déjà précisé que des bactéries survivent aux basses températures au cours d'un processus de vitrification (9) et dans la glace d'eau, à – 40°C elles maintiennent une activité métabolique, certes faible, mais suffisante pour réparer des lésions de l'ADN (60).

Et aussi, sans hésitation pour certains, pourquoi ne pas rechercher la présence de vie dans l'Univers, mais alors il ne faut pas craindre le vertige. Nous ne connaissons que 5% de l'Univers (95% est dit *sombre*) ou 10%, soit près de 200 milliards de galaxies (selon les observations faites avec le télescope Hubble). Deux mille milliards de galaxies peupleraient donc l'Univers observable. Le célèbre scientifique et astronome Carl Sagan (1934 – 1996) (67) ajoute : "*espace et temps sont indissociables*", une des étoiles les plus brillantes, la Bêta de la constellation Andromède, est distante de 75 années-lumière, sa lumière met 75 ans pour nous parvenir... et notre propre galaxie contient déjà 1,142 milliard d'étoiles, le 13 septembre 2016, selon les observations du satellite Gaïa. Mais restons Terre à Terre...

Nous ne donnons ici que quelques repères dans *La vie et les espaces interstellaires*, domaine souvent abordé par des scientifiques érudits et des philosophes avisés.

1- La fascination de Mars

Depuis que Neil Armstrong a fait le premier pas sur la Lune, le 20 juillet 1969, on a eu de cesse de penser aux premiers pas que nous pourrions faire sur Mars. En 1975, deux sondes américaines *Viking* sont envoyées vers Mars. *Viking 1 Lander* se détache de son module orbital et atteint le sol de Mars le 20 Juillet 1976. Depuis des engins, téléguidés à des millions de kilomètres, explorent ce monde et l'homme s'affaire dans les salles de contrôle américaines et soviétiques, russes.

Des questions taraudent les esprits : quelles sont les connexions de la planète avec la vie. Y avait-il de la vie sur Mars, y a-t-il une vie cachée, l'homme va t- il aller vivre sur Mars ?

La planète Mars est mentionnée depuis les temps immémoriaux, dans l'Egypte antique, la Chine, la Mésopotamie ; la lunette astronomique a permis d'en observer les détails (le hollandais Huygens effectue un croquis de la planète, lors de l'opposition périhélique* de 1672). Comparée à la Terre, la planète Mars est plus petite (le rayon équatorial, 3.397 km, est la moitié du nôtre), sa masse en est le dixième, sa densité moyenne est plus faible et la gravité n'est que de 38% de celle de la Terre. Elle est aussi plus loin du Soleil (l'année est presque deux fois plus longue, 687 de nos jours), mais la durée d'un jour (appelé *sol*) est quasi identique, 24,6 h. L'atmosphère y est quatre-vingts fois moins dense que celle de la Terre, un vent de 300 km/h exercerait la même pression qu'un vent de 30 km/h sur Terre.

1-1- Une vie était-elle présente sur Mars ? Une vie est-elle encore présente ?

En 2015, une équipe de douze scientifiques de France et de trois autres nations a fait paraître un article de 31 pages dans la revue *Astrobiology* (174 références) posant les questions : "*Biosignatures on Mars : What, Where, and How ? Implications for the search for Martian life*" (77), et les trois réponses abrégées :

- une **vie chemotrophe** sur Mars, aurait pu subsister (et peut être subsiste) à un stade assez primitif, avec une densité notable dans les zones d'activité hydrothermale ; les signatures biologiques *seraient* des molécules aux carbones asymétriques avec des marques isotopiques. Les composés organiques, vrais témoins de la vie, *pourraient* être dilués dans la matière minérale.

- **Les conditions favorables** à la vie pourraient s'être manifestées à des **époques** et en des **lieux** variés. Il serait préférable de rechercher la signature biologique dans les environnements hydrothermiques, lacustres, sédimentaires. Les meilleures chances de préservation sont au niveau des formations géologiques où la diagenèse* est limitée et où les roches n'ont pas eu de contact prolongé avec la surface et l'atmosphère martiennes où les conditions oxydantes et les radiations auraient détruit les composés organiques. Les forages de *ExoMars 2020* jusqu'à deux mètres de profondeur pourraient rapporter d'éventuels matériaux organiques.

- L'identification des **composés organiques** potentiels est de la plus grande importance puisqu'elle peut témoigner qu'une vie a été possible sur Mars, et on pourrait évoquer sous quel mode elle se manifestait. Mais l'identification *in situ* des composés risque d'être délicate du fait de la présence dans l'environnement, de perchlorate, un puissant oxydant. Une analyse sur Terre, avec les technologies sophistiquées actuelles, serait plus appropriée.

De **nombreuses missions** ont été déjà mises en place pour faire progresser nos connaissances. Plus d'une vingtaine ont été réussies, depuis la simple observation par la sonde Mariner 4 (1965) qui prit 22 photographies (qui mirent fin à la croyance aux canaux quadrillant la planète selon Giovanni Schiaparelli, 1877), puis la mise en orbite d'un module. La sonde Viking 1 fut la première à déposer sur Mars, un module, en 1976. Quatre missions placèrent un véhicule sur la planète. La dernière déposa une sonde spatiale, le 6 août 2012, dans le vaste cratère Gale (150 km de diamètre) et le véhicule (*rover*) *Curiosity* explora le lieu et collecta des informations. La mission qui devait s'achever après une année martienne (687 jours de la Terre) a été prolongée jusqu'en 2016. Pour les scientifiques, la **recherche des traces de vie** est l'objectif principal de l'exploration de Mars. *Curiosity* n'a pas démontré de trace de vie actuelle, ce qui n'exclue pas des hypothèses sur une présence au fond des âges.

Curiosity a détecté de nombreux composés par pyrolyse de roches (phyllosilicate ...) (51) et dans l'atmosphère, du dioxyde de carbone et de l'eau dont les sources étaient présentes il y a au moins quatre milliards d'années (75). L'origine de plusieurs composés reste énigmatique (méthane (32) avec des variations saisonnières marquées et surprenantes (76), azote (70), dérivés chlorés...). La présence d'un **ancien lac** (d'une longueur de 48 km sur 5 km de large) et d'une zone alluviale, est attestée par des roches sédimentaires et des galets ronds (29, 71). Il y a 3,7 milliards d'années, l'eau y devait être douce et le pH neutre, des bactéries chimiotrophes pouvaient être présentes. La présence de magnétite et de smectite dans les poudres de roches analysées, indique une formation des argiles *in situ,* comme dans les lacs. En 2018, des couches de neige comprimée, observées à des latitudes de 50-55° nord et sud ont été identifiées (16).

Mais les explorations continuent... et la délimitation des *régions spéciales* où les organismes terrestres pourraient se développer a été actualisée (66). L'exemple de bactéries manifestant une vitalité dans le désert hyperaride d'Atacama conforte l'hypothèse d'une vie présente possible sur Mars (78).

Les **rayonnements ionisants** atteignant actuellement la surface de Mars, ont-ils toujours criblé la planète (34) ? En tout cas, leur existence impose que l'on doit rechercher les témoins d'une vie dans des excavations. A une profondeur de un mètre, la dose *annuelle* est encore de 8,7 milligray (mGy) et à trois mètres, elle baisse à 1,8 mGy (modèle HZETRN, *in* 30) (cf. *infra*).

Les Agences spatiales européenne et russe avaient lancé, dans le cadre de la mission *ExoMars*, le 14 mars 2016 une fusée russe Proton avec à son bord une sonde cargo *Trace Gas Orbiter* (TGO) pour détecter des gaz (méthane, éthane...) et un module d'atterrissage Schiaparelli dont un des buts était la recherche d'une vie biologique présente ou passée. Malheureusement, le module d'atterrissage s'est écrasé le 19 octobre 2016, les 600 kg de matériel ont ajouté un cratère à la plaine *Merdiani Planum*, mais la sonde TGO continue de tourner autour de Mars.

1-2- Une vie humaine à venir sur Mars.

Il faut déjà faire **un premier voyage** et certains politiques américains sont pressés. De nombreuses contraintes, bien connues par les promoteurs de cette expédition, sont à surmonter : dans les conditions actuelles, la durée du voyage serait de l'ordre de six à huit mois (alimentation en carburant ? organisation de la vie à bord ?), avec un retour problématique.

Une fois arrivés, les internautes doivent prévoir une **protection contre les radiations cosmiques**, dont on sait que l'exposition à ces rayons augmente le taux de cancers (69). L'absence de champ magnétique et la mince couche atmosphérique, ne permettent pas en effet d'éviter l'exposition aux rayons cosmiques galactiques et aux particules de haute énergie (taux moyen du rayonnement ionisant de 0,20 à 0,22 mGy* *par jour*, valeur obtenue après un an d'enregistrement sur Mars) (30), alors que la dose *sur un an*, sur Terre, au bord de la mer est de l'ordre de 0,5 mGy.

Peut-on envisager de reproduire sur Mars des conditions de vie semblables à celles de la Terre, faire une *Terraformation*, sous une coupole ou un espace clos ? Plusieurs projets sont en cours.

Le projet européen MELISSA, destiné à permettre la vie de l'homme sur Mars, a débuté en 1989, et consiste à réaliser un écosystème autonome et en accéléré avec trois finalités : éliminer les déchets, élaborer des produits alimentaires, et fournir oxygène et eau. Ce programme est mis en œuvre, en particulier à l'Université autonome de Barcelone (UAB) avec plus de cent chercheurs. Le recyclage de tous les déchets (nourriture, urines, fèces) est effectué en quelques jours par des bactéries et donne un engrais. La transformation de l'azote urinaire de l'engrais permet de cultiver des algues (*spirullines*) comestibles, libérant de l'oxygène. D'autres plantes légumineuses comestibles, produiront de l'oxygène et de la vapeur d'eau. Ce projet peut aussi concerner la vie sur notre planète qui doit être économe de nos ressources naturelles (Colloque 2016 de l'Agence Spatiale Européenne, ESA).

Le projet Biosphère 2 a été réalisé sur un terrain de plus d'un hectare à Oracle en Arizona, dans un vaste espace clos, où était restitué un environnement terrien, et où le seul apport extérieur était la lumière solaire (62). Huit personnes s'organisèrent pour y vivre de 1991 à 1993, mais l'oxygène produit par des plantes, devint insuffisant et la malnutrition mit fin au séjour. Une deuxième mission en 1994 ne dura que six mois du fait de fortes tensions entre les participants.

D'autres audacieux, sont déjà convaincus que **maintenir une vie à venir est possible**.
La NASA finance des programmes HI-SEAS (*Hawaii Space Exploration Analog and Simulation*), depuis 2013 pour préparer la vie d'équipes sur Mars. HI-SEAS IV s'est terminé en août 2016, les six volontaires ont passé un an reclus sur les flancs du volcan Mauna Loa dans l'île d'Hawaii. Le seul français à bord, Cyprien Verseux, 28 ans, a gardé un bon moral, il avait un projet de recherche audacieux : tenter d'utiliser des cyanobactéries, des bactéries qui font de la photosynthèse, pour transformer des éléments présents sur Mars, en nutriments pour les plantes (52).

L'ingénieur néerlandais Bas Landstrop a conçu le projet *Mars One* ayant pour objectif l'installation sur Mars, en 2024, d'une base permanente de six équipes, chacune de deux femmes et deux hommes, sans retour sur Terre. A défaut d'avoir bouclé son budget matériel et équipements, il a déjà recruté des volontaires. Sur 200.000 candidats de seize pays, qui s'étaient présentés entre 2013 et 2015, cent sont actuellement retenus. Le seul français sélectionné est le médecin bordelais Jeremy Saget, âgé de 38 ans (selon lui, "*c'est le chemin qui est intéressant, bien plus que la destination*") (6). Fera-t-il partie des vingt-quatre finalistes ?

Stephen Petranek rédacteur de *Breakthrough Technology Alert*, lettre d'information pour laquelle il déniche les opportunités d'investissement, publie des textes incitant à promouvoir une vie sur d'autres planètes. Dans son ouvrage (***Comment nous vivrons sur Mars***), S. Petranek suppose qu'une colonie se développera sur Mars et propose un remodelage, une *terraformation* de la planète. Toutes les difficultés pour permettre une vie sont envisagées. L'eau ? elle est présente sous forme de glace aux pôles, et piégée dans le régolithe (sorte de pergélisol) que les colons détacheront au marteau-piqueur et chaufferont dans des petits réacteurs pour récupérer l'eau liquide, ou encore un ventilateur aspirera l'atmosphère ténue mais humide et l'eau sera fixée par des matériaux adsorbants (zéolites faciles à fabriquer). L'oxygène ? ce gaz est sous forme de trace dans l'atmosphère, mais l'eau H_2O, voir le dioxyde de carbone CO_2 peuvent en libérer par électrolyse avec un appareillage particulier (le *Mars Oxygen in situ resources utilization experiment)*. La nourriture ? le logement ? les vêtements ? tout est envisagé, tout est réalisable, mais pas nécessairement confortable. Une solution pour certains problèmes : le développement de bactéries si l'eau se libère de la glace, comme une renaissance de la vie : transformer Mars ou transformer l'homme ?

D'autres possibilités de *terraformation* sont envisageables (62). Il faudrait d'abord réchauffer la surface de la planète en provoquant un effet de serre par injection dans l'atmosphère des chlorofluorocarbures, ou par bombardement de la surface avec des astéroïdes riches en ammoniac ou avec des comètes composées de glace d'eau et de CO_2. La température deviendrait suffisante pour faire fondre les pôles, ce qui libérerait encore du CO_2. On pourrait alors introduire de grandes quantités de cyanobactéries qui libéreraient de l'oxygène dans l'atmosphère. Il resterait cependant des lacunes : la faible gravité et l'absence de magnétosphère ne pourraient pas préserver la surface du vent solaire (flux énergétique de particules chargées).

Mais "*si nous pouvons aller sur Mars, nous pouvons aller partou*t". Les arguments sont dans l'histoire de l'humanité : *Homo sapiens* a commencé à s'aventurer hors de l'Afrique, il y a soixante mille ans ; il a fallu attendre le 14 octobre 1492 pour que Christophe Colomb atteigne le Nouveau Monde, et maintenant des centaines de navires se rendent chaque année en Amérique ; il a fallu également patienter jusqu'au 25 juillet 1909 pour que Louis Blériot, aux commandes d'un avion à hélice, traverse la Manche alors que maintenant le turbo-réacteur A380 peut transporter jusqu'à 853 passagers de Paris à Mexico… Johann-Dietrich Wörner, directeur de l'ESA, nous assure que "*explorer est dans nos gènes*" (53)… mais il n'y a pas que l'exploit humain, il y a également le désir d'effectuer une **exploitation minière** de ces nouveaux territoires (en commençant par la Lune...).

Pour le héros technologique, Elon Musk (17), **la vie sur Mars sera même une nécessité**. Cet ingénieur, né à Pretoria en 1971 et naturalisé américain, est fort riche, déterminé et pressé. Il a fondé en effet de multiples sociétés, dont la société de paiement *Paypal*, la société *Tesla* produisant des voitures électriques, la société *SpaceX* construisant des véhicules spatiaux. Selon lui, la colonisation spatiale est une forme d'assurance-vie pour l'espèce humaine. "*Nous pourrions être anéantis par un astéroïde... une éruption volcanique... des virus... un trou noir... le réchauffement climatique... Tôt ou tard nous devrons quitter cette planète ou disparaître*" (17).

D'autres auteurs (62) partagent l'opinion de Musk, et pensent que l'avenir de la Terre est incertain, 13.000 Neo (*Near Earth objects*) ont été repérés près de l'orbite terrestre, dont mille ont une dimension supérieure à un kilomètre, "*la Terre est un radeau à la merci des éléments*". Quirantes Sierra (62) rappelle que le physicien soviétique Constantin Tsiolkovski (1857-1935), le précurseur de l'ère spatiale, a dit un jour, "*que la Terre est le berceau de l'humanité, mais qu'on ne passe pas sa vie dans un berceau*"...

En septembre 2017, au cours du congrès mondial d'astronautique d'Adelaïde (Australie), Elon Musk affirmait pouvoir faire *atterrir* en 2022 deux engins-cargos sur Mars, transportant des infrastructures et rechercher la meilleure source d'eau possible, avant de convoyer des humains en 2024. Mais les Européens ne sont pas en reste, ils ont conçu Ariane 6, une fusée plus performante et moins chère qu'Ariane 5 et préparent, pour l'horizon 2030, une fusée aux éléments réutilisables et récupérables. Cependant la NASA rappelle qu'une expédition humaine dépasserait les 210 milliards de dollars en 2030.

1-3- De nombreux livres et films ont pour toile de fond la Planète Mars en commençant par le roman *La guerre des mondes* d'Herbert George Wells (1898) où des envahisseurs venus de Mars se rendent maîtres de la Terre mais sont finalement exterminés par des microbes terrestres. En 2015, les spectateurs américains se sont précipités sur *Seul sur Mars* de Ridley Scott, d'après le roman éponyme de Andy

Weir : le botaniste Mark Watney est laissé pour mort lors d'une violente tempête sur Mars, mais la NASA (qui a d'ailleurs soutenu cette production) en profite pour faire pression sur le gouvernement américain pour maintenir les subventions ! La série télévisée *Mars*, produite par *National Geographic* (2016), débute en 2033, par une injonction : l'humanité doit quitter la Terre où il y a une pénurie de ressources, pour s'établir sur Mars, mais les difficultés, celles de 2016, sont mises en relief… et les mésaventures de six astronautes sont relatées. Le CNES (Centre national d'études spatiales) pense aussi à l'avenir en soutenant le film de Luc Besson, *Valérian et la Cité des mille planètes* (2017).

2- La vie dans les espaces interstellaires

En l'état de nos connaissances, les premières formes de vie n'auraient pu exister que sous le modèle de bactéries autotrophes, puisant la source de leurs constituants et d'énergie dans les composés minéraux, dans un écart de température compris entre une dizaine de degrés en dessous de zéro et jusqu'à l'extrême centaine de degrés. La présence de traces de vie antérieure pourrait subsister dans des lieux glacés protégés pouvant dater de plusieurs milliers d'années.

Le comportement des bactéries dans l'espace, en microgravité n'est pas directement dans notre champ, mais son étude relève de plusieurs préoccupations (63).

La première préoccupation des astrobiologistes est d'éviter que les astronautes contractent des infections lorsqu'ils sont hors de portée de la Terre. D'après une revue assez développée sur le comportement bactérien en microgravité (72), les premières investigations ont montré une **diminution de l'immuno-compétence** de l'homme en microgravité : des infections virales sont réactivées (herpès, varicelle-zona…) affectant plus particulièrement l'équipage masculin ; le microbiome des cavités (gastro-intestinale, nasale…) est altéré, favorisant la prolifération des bactéries les plus résistantes (*Klebsiella, Pseudomonas*). De plus les premières observations mettent en évidence un **comportement bactérien plutôt hostile**. Les cultures en milieu liquide sont en effet plus rapides, les bactéries se divisent plus rapidement en microgravité, favorisant la production de métabolites secondaires. La synthèse de biofilms sur les surfaces solides est accrue. Par contre les cultures sur milieux solides ne sont pas perturbées. **Les bactéries sont légèrement plus résistantes** aux antibiotiques (43), sans qu'une explication puisse toujours être donnée, le mécanisme de résistance devant dépendre du mécanisme d'action de l'antibiotique. Les bactéries retrouvent cependant leur sensibilité lorsqu'elles reviennent sur Terre. Certaines sont plus virulentes qu'en gravité terrestre (*Escherichia coli* entérotoxiques, *Salmonella typhimurium*) (64), d'autres bactéries le sont moins que sur Terre (bacille de la peste, *Listeria*...). De nombreux gènes ont leur activité favorisée, alors que d'autres sont éteints. **Des protéines régulatrices,** comme la protéine Hfq*, gardent leur activité (79) et pourraient être *ciblées* pour diminuer la virulence en microgravité. Notons qu'en cas de syndrome infectieux, **les antibiotiques** les plus courants ont une activité diminuée en microgravité, par suite d'une plus faible stabilité, ce qui exige que l'on prévoit des formulations plus stables. Il est en tout cas nécessaire de contrôler l'environnement microbien dans des engins spatiaux, comme la Station Internationale Spatiale.

Une autre crainte réside dans le fait que les sondes et les robots apportent des bactéries dans l'environnement où ils se posent, ce qui implique que les manipulations doivent être parfaitement stériles au cours de l'agencement du matériel et des appareils. Malgré ces recommandations, une étude de l'efficacité de la décontamination du rover *Curiosity*, en 2012, avant le lancement, a mis en évidence 377 souches bactériennes sur le véhicule (46). Ces souches appartenaient à 65 espèces bactériennes, la plupart étant du genre *Bacillus*. Onze pour cent résistaient à des environnements extrêmes (dessication, exposition aux rayons ultraviolets, au froid et pH) alors que 31% ne présentaient pas, au préalable, un dispositif de résistance identifiable (en particulier pas de spore). D'autres essais amènent à considérer que les spores de *Bacillus* ne survivent pas à un environnement stratosphérique (39) alors que des bactéries de cette famille, même non sporulées, résisteraient aux radiations ultraviolettes (68).

2-1- La vie est conditionnée par la présence d'eau. La présence d'eau dans le système solaire peut-elle suggérer qu'elle a pris part à l'éclosion d'une vie ?

On a réalisé depuis quelques années que la présence d'eau est toujours accompagnée de la vie (65)... et peut-être que si l'on trouve de l'eau *ailleurs,* pourquoi n'y aurait-il pas de vie ? L'eau, est donc avec l'oxygène, est une des molécules qui pourrait permettre l'agencement d'une vie, mais si ces conditions sont nécessaires, elles ne sont pas suffisantes (cf. la comète Tchouri, riche en oxygène, dépourvue de toute présence vitale) (8).

L'eau est bien présente, au moins dans le système solaire (Mercure), non seulement sur les planètes mais aussi sur leurs satellites : lune de Jupiter : Europa ; lunes de Saturne (Enceladus, Titan) et dans la ceinture d'Astéroïdes (24 Themis, Ceres). Mais la vie ?

Mais si l'on cherche à dépouiller planètes et comètes de leurs constituants pour découvrir des traces d'une vie, d'autres équipes traquent une **neuvième planète** (dite P9) dans notre système solaire, suggérée par les perturbations de l'orbite de plusieurs objets au delà de Neptune, dans la ceinture de Kuiper : une protoplanète éjectée dans les premiers temps du système solaire ou venue d'ailleurs et captée par notre soleil ?

2-2- L'eau sur les comètes.

Les comètes sont connues comme des boules lumineuses prolongées par une queue, animant le ciel par leur passage, mais cet état correspond à une fin de vie, car leur apparition date de 4,6 milliards d'années ; elles ont jailli au cœur d'un nuage moléculaire très dense, comme des éclats de matière lors de la formation du Soleil. Elles sont donc des vestiges non transformés de ces premiers temps. L'influence d'une étoile peut perturber leur mécanique gravitationnelle et certains fragments peuvent s'engager dans une pérégrination au sein du système solaire et si elles s'approchent trop du Soleil, elles éjectent gaz et poussières et deviennent visibles pour les Terriens.

La comète 67P/Churyumov-Gerasimenko (67P Tchouri), devenue récemment la fierté des équipes européennes, développe un cycle de l'eau.

L'attention a été focalisée récemment sur la présence de glace d'eau à la surface, glace qui apparaît et disparaît cycliquement suivant l'illumination de la comète. La comète 67P Tchouri, découverte en 1969, est située à 450 millions de km de la Terre (N.B. Pluton est à 4,3 et 7,2 milliards suivant sa position).

L'**Agence spatiale européenne** approuva en 1993 la mission Rosetta, dont le nom fait référence à la pierre de Rosette qui permit à Jean-François Champollion de déchiffrer, en 1822, les hiéroglyphes. Le déroulement, conduit avec succès, de la mission vers 67P Tchuri, fut une véritable épopée. Epopée car la sonde Rosetta emportant le robot Philae (nom d'une île submergée, nouvelle allusion à l'ancienne Egypte), devait faire un voyage de dix ans, dans un univers d'encre, dans le silence absolu et glacé de l'espace.

Epopée par la dizaine d'années de réflexion, par la rigueur de la préparation, la multiplicité des calculs, par la précision du travail de conception, la minutie dans la construction des instruments, de leur fonctionnement, de leur coordination avec leur situation dans l'espace et puis il y eut l'envol depuis la base de Kourou en Guyane. A plus de 38 kilomètres par seconde, Rosetta étala sa voilure de panneaux solaires de 32 mètres, qu'aucune bourrasque ne pourra flétrir, et fût surveillée depuis des salles de contrôle obscures où veillent les ordinateurs, où des hommes ajustent son positionnement, guidés par le retour de l'information et la coordination des centres opérationnels depuis Darmstadt en Allemagne.

2 mars 2004 : lancement d'Ariane 5, porteur de la sonde Rosetta et du robot-minilaboratoire Philae. La comète sera atteinte dans six milliards de kilomètres (avec les premières étapes dans le système solaire) (15).
1er mars 2005 : premier survol de la Terre, il y en aura trois, avant de rebondir de planète en planète (par *effet de fronde*) et d'accéder à l'espace intersidéral.
8 juin 2011 : mise en hibernation de la sonde, pour économiser les ressources.

20 janvier 2014 : à la demande des ingénieurs, réveil de la sonde.
6 août 2014 : Rosetta arrive vers la comète, à 404 millions de km de la Terre, les ingénieurs rallument les moteurs.
12 novembre 2014 : Philae (100 kg), après 7 heures de chute libre, se pose sur la comète mais rebondit deux fois (la gravité est faible sur Tchouri, Philae pèse un gramme !) mais réussit quand même à faire, pendant 64 heures, des expériences sous la commande en *live* et en continu d'équipes concentrées, à 500 millions de kilomètres, quelle griserie ! Mais Philae s'est déposé sur un site mal éclairé où la température varie de -145°C le jour à -180°C la nuit.
13 juin 2015 : Philae, qui était muette depuis novembre 2014, envoie un signal.
9 juillet 2015 : dernier message de Philae, les émetteurs – récepteurs seraient endommagés.
30 septembre 2016 : La comète s'éloigne du soleil, la sonde Rosetta, qui continue à tourner autour de Tchouri depuis deux ans, reçoit moins d'énergie, les ingénieurs décident de la poser sur la comète, depuis 20 km d'altitude. Ils déclenchent le circuit pour sceller la destinée de Rosetta, témoignage d'adieu parvenu 40 minutes après l'effleurement d'une touche d'ordinateur à Darmstadt.
Après une chute d'une douzaine d'heures et une transmission des plus belles images de la comète, Rosetta *atterrit* en se disloquant. Reste à l'extérieur de la sonde, un disque de nickel inaltérable où sont gravés des textes en plusieurs langues ... pierre de Rosette pour de futurs astronautes ?

Tchouri a la forme d'un canard (tête, corps et cou), d'une masse de 10 milliards de tonnes, longue de 4 km dans sa plus grande dimension, elle apparaît sous un aspect anguleux et tourmenté, comme une oeuvre de terre glaise qu'un artiste aurait abandonnée. Sous une petite couche de poussière, on détecte une surface très dure qui n'a pas la consistance de neige compacte. La température évolue de -40°C à -90°C. Le noyau de la comète est formé d'amas de poussière où sont détectés du phosphore ainsi que de la glace de dioxyde de carbone (19), l'eau est présente sous forme de glace et de clathrates* (45, 58).

3- Les molécules organiques sur les comètes

Seize composés organiques de masse moléculaire élevée (21) contenant de l'azote ont été détectés dans les poussières remuées par

l'*atterrissage*, dont quatre jamais identifiés au préalable (isocyanate de méthyle, acétone, aldéhyde propionique, acétamide). Il n'y a pas de composé aromatique, comme le benzène, et pas de soufre. Des quantités importantes d'**oxygène** (oxygène moléculaire O_2) sont présentes : c'est la première fois que cet élément est détecté sur une comète, jusqu'à 10% de la vapeur d'eau dans un rapport assez constant, ce qui impliquerait que O_2 aurait été incorporé au noyau de la comète durant sa formation (8).
La queue contient l'acide aminé **glycine**, sous forme volatile, ainsi que de la méthylamine et de l'éthylamine (1), ce qui ne signifie pas que l'acide aminé se soit formé dans la comète où il fait trop froid pour que des réactions chimiques aient lieu ; la synthèse s'est probablement déroulée dans le milieu interstellaire, sous l'action des rayonnements ultraviolets émis par les étoiles (1). La glycine est d'ailleurs souvent identifiée dans les espaces interstellaires. Elle garde sa structure même à des températures de + 200 à + 250°C, si elle est intercalée dans des matrices minérales (tels les phyllosilicates). Elle peut se cycliser ou se polymériser (11). L'identification de la **chiralité** des molécules de la comète, prévue dans le programme (27), n'a pas pu être réalisée.

L'intérêt de cette comète réside dans la présence de ces matériaux datant probablement de 100 millions d'années seulement, après l'allumage du soleil, selon Nicolas Altobelli (*European Space Agency*), mais également dans le fait qu'elle peut délivrer des molécules pour une chimie prébiotique et pourrait avoir un rôle crucial dans l'émergence de la vie sur Terre (1).

3-1- La création des molécules organiques.

Depuis de nombreuses années, on a cherché à produire *in vitro* des molécules organiques à partir de composés minéraux. On rappelle souvent que la synthèse de l'**urée** a été obtenue (accidentellement) dès 1828 par le jeune chimiste allemand Friedrich Wöhler (1800-1882), à partir de composés minéraux, alors que l'on considérait l'urée comme *organique*, ce qui signifiait à l'époque, produite par le monde vivant. Pour cela, F. Wöhler utilisa un composé minéral, le cyanate de plomb, de l'ammoniac et de l'eau :
cyanate de plomb + eau + ammoniac → urée + hydroxyde de plomb

$$Pb(OCN)_2 + 2H_2O + 2NH_3 \rightarrow 2H_2N\text{-}CO\text{-}NH_2 + Pb(OH)_2$$

On s'affranchissait d'un dogme : autrefois les molécules organiques ne pouvaient provenir que d'organismes vivants habités par la *force vitale*. Or Wöhler démontra que chimie minérale et chimie organique sont interdépendantes.

Et dans un organisme vivant, l'ammoniac toxique est converti en urée (qui sera éliminée par le rein) au cours du *cycle de l'urée*, où interviennent cinq enzymes.

Cependant les enzymes ne sont pas toujours indispensables au cours d'un cycle. L'équipe conduite par Markus Ralser de l'Institut Francis Crick de Londres, a montré, en 2017, que le cycle* tricarboxylique de Krebs (TCA) pouvait s'élaborer à partir d'un de ses constituants, en présence d'ions sulfates sans aucune présence d'enzyme (37). Cette découverte est importante, car la molécule de citrate et d'autres molécules du TCA ont été retrouvées dans des météorites, et les auteurs imaginent qu'une telle synthèse aurait pu avoir lieu sur Terre, il y a quatre milliards d'années, au fond des océans, riches en ions minéraux. Par ailleurs, les auteurs ne conçoivent pas que l'ARN puisse être à l'origine du métabolisme (36), parce que la molécule elle-même est un produit d'un métabolisme.

... au fur et à mesure que l'on met en évidence certaines conditions physico-chimiques présentes dans l'univers, on tente de les reproduire dans les laboratoires pour déceler si elles permettent la synthèse de composés organiques, voir de précurseurs des acides nucléiques...

Notons qu'**en 2018**, beaucoup de travaux sont plutôt orientés vers **l'exploration des astéroïdes**, ces petits corps en orbite entre Mars et Jupiter, dont la matière aurait été peu transformée depuis 4 milliards d'années (15). La mission américaine OSIRIS-Rex a lancé le 8 septembre 2016, une sonde vers l'astéroïde Bennu, qui doit se placer en orbite en 2018, et pourrait prélever des échantillons dont la récupération serait faite le 24 septembre 2023 dans le désert de l'Utah aux Etats-Unis...

3-2- La chiralité et l'estampille des molécules terrestres.

Des molécules un peu complexes ayant une structure tridimensionnelle, ne présentent pas de symétrie et leur forme ne se superpose pas à leur image dans un miroir, tout comme une main et son image. Ces molécules sont dites chirales (du grec *ch[e]ir*, main) et les deux formes sont des énantiomères (figure V-1). Tous les biopolymères sont constitués d'ensembles de même chiralité.

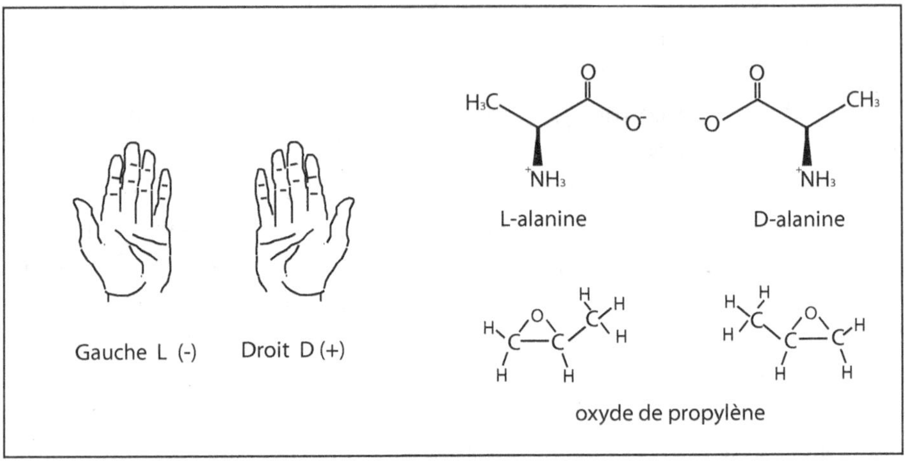

Figure VI-1 : **Une molécule chirale** : l'atome de carbone est dit *asymétrique*,quand il est lié à quatre atomes ou groupements d'atomes différents. La molécule comprend deux stéréo-isomères, appelés énantiomères (gr. *enantios*, contraire), l'un dévie la lumière polarisée vers la droite, il est dextrogyre (lat. *dexter*, droit) (D-alanine), l'autre vers la gauche, il est lévogyre (lat. *laevus*, gauche). Depuis 1960, on a identifié des acides aminés D, en particulier dans des composés antibiotiques polypeptidiques.

Sur Terre, les glucides sont formés de sucres D (dextrogyres*), alors que les acides aminés sont tous L (lévogyres).

Il est vraisemblable que **dans les temps prébiotiques, toutes les molécules étaient de type chiral**. On a identifié dans les météorites des molécules complexes chirales (par dichroïsme circulaire et spectroscopie anisotropique) (18) et en 2016, dans le nuage moléculaire géant Sagittarius B2, au centre de notre Voie Lactée, une molécule organique était chirale (oxyde de propylène CH_3CHCH_2O) (48) (figure VI-1).

Or les acides aminés de notre univers proviennent des nuages interstellaires (27), où ils ont pu être modifiés. Cette singularité est à l'origine de plusieurs questions.

Où a eu lieu cette sélection ? dans le milieu interstellaire ou sur Terre ? Quel agent et quel mécanisme sont en cause ? La sélection peut survenir **dans les espaces interstellaires** : l'examen de la météorite Murchison qui s'est écrasée en 1969 en Australie, a mis en évidence que les chondrites (microbilles de silicates) qui le constituent contiennent plusieurs acides aminés, dont certains (isovaline, rare sur Terre) présentent un excès de type L (10). La même observation a été faite sur la météorite qui est tombée en 1864 dans la commune d'Orgueil dans le Tarn et Garonne, provenant d'une supernova qui a explosé il y a 4,5 milliards d'années et est à l'origine du Soleil.

Une **radiation électromagnétique polarisée circulaire** dans les régions où se forment les étoiles, peut effectivement être à l'origine d'une asymétrie stéréochimique (28, 50). Des essais ont tenté de le démontrer : (i) Une irradiation photochimique, par des photons d'une lumière polarisée circulaire ultraviolette, effectuée sur des composés glacés (CO, CO_2, NH_3, CH_3OH et H_20), à basse température, permet d'obtenir des acides aminés ; une faible proportion d'entre eux est sous forme D, d'autres L (revue dans ref. 27). Résultat confirmé en 2016 : l'irradiation de l'alanine racémique, ne modifie que 4% du composé (50),(ii) Le rôle de l'irradiation est démontré avec l'acide aminé leucine. Le mélange racémique de leucine, soumis à une lumière polarisée circulairement gauche (dont le vecteur champ électrique tourne vers la gauche autour de sa direction de propagation) en ultraviolet (182 nm), transforme la D-leucine en L-leucine, car la D-leucine absorbe plus la lumière gauche que la L-leucine (49). La rupture de la symétrie chirale dépend de l'hélicité et de la longueur d'onde de la lumière incidente (50). (La spectroscopie anisotropique facilite l'identification d'un énantiomère venant d'émerger) (18).

Il faudrait donc ensuite des **réactions chimiques autocatalytiques** pour amplifier le déséquilibre jusqu'à éliminer totalement un énantiomère, selon l'exobiologiste André Brack, ce qui pourrait être le cas...

Meinert *et al*, 2015 (50), considèrent que l'apparition de cette dissymétrie moléculaire est une question clé en relation avec l'origine de la vie.

4- Les exoplanètes

En 1995, Michel Mayor et Didier Queloz découvrent la première planète située en dehors de notre système solaire (47). Il la nomme *51 Pegasi b*, elle est en orbite autour de l'étoile *51 Pegasi*, une étoile naine jaune située à une distance d'environ 42 années-lumière de la Terre. C'est par une observation acharnée au spectrographe qu'ils ont repéré une variation de grande amplitude du signal (cf. *infra*). "*Depuis vingt ans, plus de 3.500 planètes, petites et grandes, gazeuses ou rocheuses, brûlantes ou glacées, enfer ou paradis potentiels, ont été détectées autour d'autres étoiles que notre soleil*" (52).

Le télescope spatial Kepler a été lancé en 2009 par la NASA, pour détecter des exoplanètes en repérant les variations de la luminosité d'une étoile lorsqu'une planète passe devant elle. La première exoplanète potentiellement *habitable*, dite Kepler-186f (61), est de la taille de la Terre et a une bonne configuration orbitale, quant aux autres conditions ...

4-1- Les prérequis pour la présence d'une vie.

Exoplanète ? des planètes qui pourraient être semblables à la nôtre, par la taille, la période orbitale, la distance à laquelle elles se trouvent de leur étoile, mais comment peut-on savoir s'il y a de l'eau liquide, une atmosphère avec du CO_2 à la bonne concentration pour maintenir une certaine température, un champ magnétique protégeant des rayons cosmiques et autres dispositions qui pourraient permettre une vie peut-être semblable à la nôtre ?

Jusqu'au vingtième siècle, on pouvait imaginer que des créatures extra-terrestres décideraient de venir nous rendre visite, mais maintenant c'est nous, exobiologistes, qui décidons de chercher des traces de vie extra-terrestre, et s'il n'est pas encore question de rendre visite, on tente d'observer à distance... mais la NASA, l'agence spatiale américaine, a déjà calculé, que seules douze exoplanètes se trouveraient dans une zone habitable de leur étoile...

4-2- La recherche des traces de vie.

La détection de la vie dans les espaces interstellaires peut être conduite, avec des spectromètres, en détectant des substances chimiques dont l'origine résulte de réactions catalysées par des protéines, des enzymes. Deux exemples : (i) le **méthane,** le plus commun des composés à base de carbone, dont l'origine est du domaine du vivant, bien que cette source soit discutée, (ii) l'**oxygène libre**, résultant de la production permanente par la photosynthèse pratiquée par les plantes et des bactéries.

Une autre approche est l'utilisation de radio-télescope sphérique, tel celui de la vallée karstique de Guizhou (Chine), inauguré en 2016, dont le diamètre de 500 m, permet d'observer les très grandes longueurs d'onde (10 cm à 4,2 m) pouvant repérer des signes d'une vie extra-terrestre au-delà de notre galaxie.

L'étoile Alpha du Centaure, visible dans l'hémisphère sud, distante de 4,4 années-lumière, a particulièrement attiré l'attention (2). Elle est formée d'un système d'étoiles triple et une de ces étoiles, *Proxima*, qui est la plus proche de nous (4,2 années-lumière), a une planète pour compagne. *Proxima* du Centaure est une naine rouge, moins brillante que notre soleil, mais sa planète *Proxima b*, qui a une masse 1,3 fois plus élevée que celle de la Terre, a une orbite tempérée, *i.e.* compatible avec la présence d'eau liquide à sa surface. La température pourrait varier de -30°C à +30°C suivant l'*ensoleillement*. Par contre les rayons X et les rayons ultraviolets sont très virulents. Des hypothèses sans fin sont émises sur son habitabilité... mais plusieurs auteurs de science-fiction ont déjà pris partie.

Et pourquoi ne pas aller en reconnaissance vers cette planète *Proxima b* que l'on vient d'identifier ? Un projet *Breakthrough Starshot*, avec un budget de 100 millions de dollars, a été annoncé lors d'une conférence de presse tenue opportunément le 12 avril 2016, soit 55 ans après le vol de Gagarine, le premier homme qui est allé dans l'espace. Il faut préciser que l'initiateur de ce projet est le milliardaire russe Yuri Milner, qui s'est entouré de scientifiques de renom, dont l'astrophysicien Stephen Hawking, le physicien et mathématicien Freeman Dyson, mais aussi de Mark Zuckerberg, fondateur de *Facebook*. Le premier but : chercher des traces de vie sur *Proxima b*, distante de 4,2 années-lumière... Rappelons que les sondes Pioneer et Voyager, lancées dans les années 1970, ont atteint la frontière du Système solaire à une vitesse de l'ordre de 15 km/seconde. Il leur faudrait 88.000 ans pour rejoindre Alpha du Centaure (22, 44). Les initiateurs du projet ont alors proposé de faire léger : une sonde miniature dotée d'une voile photonique poussée par les photons d'un faisceau laser. La voile n'aurait l'épaisseur que de quelques atomes, mais une surface de quelques mètres carrés, le faisceau laser devrait être très puissant, de l'ordre de 100 gigawatts, la sonde serait de la taille d'un timbre poste. Il faudrait envoyer un véritable essaim de ces constructions pour être sûr qu'au moins une partie d'entre elles atteignent leur cible, en étant toujours en état de fonctionner. La vitesse devrait parvenir jusqu'au cinquième de la vitesse de la lumière, et les sondes arriver dans l'espace Alpha du Centaure dans 20 ans.

L'esprit savoure le faste des nombres qui arpentent l'infini, mais la raison rétrécit l'imaginaire aux réalités terrestres. En effet, pour être mis à exécution, le projet pourrait coûter entre 5 et 10 milliards de dollars, et il faudra du temps pour mettre au point la technologie, le lancement ne pourrait donc être effectué que dans 20 ans, et puis il faudra 20 ans pour atteindre Alpha du Centaure et les données acquises par les sondes devront nous parvenir, à la vitesse de la lumière, quatre ans et demi plus tard : il faudrait attendre 45 ans ... la lumière du soleil met huit minutes pour nous parvenir...

4-3- Si les scientifiques spéculent sur la présence de vie sur *Proxima b*, **les auteurs de science-fiction** ont déjà réglé cette question et un des plus talentueux d'entre eux, le Chinois Cixin Liu, informaticien, a reçu le prestigieux prix de la littérature anglo-saxonnne de science fiction, le prix Hugo 2015 (59) pour son ouvrage *Le problème à trois corps* : Ye Wenjie, une jeune astrophysicienne chinoise, choquée par les horreurs de la révolution culturelle et désespérant de l'humanité, envoie un message dans l'espace, capté par un *guetteur* de la planète Trisolaris. Les Trisolariens sont prêts à tout, pour fuir leur planète aux trois soleils, très inhospitalière. Ye Wenjie leur fournit les coordonnées leur permettant de rejoindre la Terre et de réformer l'humanité, ce qui est diversement apprécié par les humains. Autre épilogue dans un film : Les *aliens*, débarquant d'une autre planète, dépossèdent les Terriens de certains concepts, film *Avant que nous disparaissions*, du Japonais Kiyoshi Kurosawa, 2017...

Et des exoplanètes sont encore découvertes... Dans la constellation du Verseau, une petite étoile (*Trappist-1*), à 39 années-lumière, est entourée par sept planètes rocheuses dont la température est compatible avec celle d'une zone d'*habitabilité* (26).

L'astrophysicien Frank Drake (14) a déjà calculé le nombre de civilisations extraterrestres en mesure de communiquer dans la voie lactée dans notre galaxie : selon lui, leur nombre est dix, d'après un calcul basé sur huit estimations...

Mais la vie ne peut-elle pas s'exprimer autrement qu'avec l'eau et le carbone, le carbone ^{12}C, qui en se combinant à l'oxygène, l'hydrogène, l'azote et quelques autres éléments sont à la base de toutes les molécules qui conditionnent la vie ? Le silicium ^{28}Si, juste au dessous du carbone (dans le tableau périodique des éléments de Mendeleev*), ne pourrait-il pas être **à la base d'une *autre* vie** où le méthane, l'ammoniac seraient les fluides...

5- Ces considérations sur d'autres mondes, nous font glisser vers la question ultime, **l'origine de la vie**.

Délaissons les vastes étendues glacées, les aventuriers-scientifiques, meuchers, aux lèvres et aux cils alourdis de l'haleine glacée, quittons les longues files de meutes de chiens exultantes et disciplinées, quittons les abris perdus dans les glaces, regorgeant d'ustensiles et d'instruments dans la moiteur du foyer, et les resserres où des siècles de colonnes de glace, déracinées des profondeurs, maintenant, se côtoient.

Saluons les défricheurs des énergies mystérieuses d'un système, ceux qui par leur ténacité et leur ingéniosité réussirent à les identifier, à les quantifier ; énergie potentielle qui se découvre quand elle devient cinétique ; énergie interne tapie dans les molécules du système, qui est enthalpie, si elle se manifeste à température et pression constante ; entropie du système isolé qui augmente irréversiblement avec l'intensification du désordre au cours de la flèche du temps, entropie de l'univers qui ne peut que croître vers une finitude, l'univers lui-même est en expansion…

Et l'on a tenté, au début de cet ouvrage, d'entrevoir une parcelle du vaste champ de l'évolution en comparant la structure intime des enzymes du froid à celle des enzymes qui ne cessent de s'affairer à chacun des instants de notre vie. La permutation de composés parvient à affaiblir les liaisons avec leurs voisins et confère une plus grande souplesse à l'ensemble qui peut continuer à œuvrer dans des espaces glacés.

L'origine de la vie : on ne plongera pas dans les différentes réflexions philosophiques, opinions et théories qui cherchèrent à donner une réponse à cette interrogation, depuis que l'homme est sur Terre, inquiet ou serein sur ses origines et sa destinée. Parmi les multiples réflexions sur cette question, rappelons la thèse de la génération spontanée qui était la plus apaisante, mais en 1861, Louis Pasteur y mit fin, la vie ne vient pas de la matière inanimée.

Le biochimiste rationaliste Ernest Kahane prend pour guide, en 1962, (35) la formule de Friedrich Engels : la vie est le mode de mouvement de la matière parvenue à un degré convenable de complexité et d'organisation. Le prix Nobel François Jacob, en 2000, (33), répondait à la question *qu'est-ce que la vie* : "cette question me paraît d'autant plus appropriée qu'elle n'a pas de réponse". Il répétait, il n'y a pas de *matière vivante,* il y a de la matière qui compose les êtres vivants. On ne cherche pas l'origine de la vie, on cherche les mécanismes qui permettent la vie.

La seule question que l'on peut se permettre de poser ici après cette présentation, est : la vie serait-elle apparue dans l'espace, puis se serait-elle disséminée sur la Terre, portée par des particules d'un objet céleste, venant du Cosmos, la **panspermie** ? **Oui selon certains**, comme le prix Nobel de chimie suédois Svante Arrhenius (3), en 1903, théorie proposée par Herman von Helmholtz en 1878, la Terre aurait été fécondée par des corps rocheux tels que les comètes, théorie modernisée par Fred Hoyle et Chandra Wickramasinghe (31). Il est démontré, en 2017, que la bactérie thermophile *Geobacillus thermantarcticus*, survit à la dessiccation, aux rayons X et irradiation UVC, grâce à des adaptations biochimiques identifiées (13) et Neil deGrasse Tyson (12), astrophysicien, directeur du planétarium de New York, dans une ode célébrant la vision cosmique de la vie, remarquait, en 2017, avec un certain humour, qu'il est possible que "la vie, d'abord apparue sur Mars, ait ensemencé la Terre et que les Terriens descendent des Martiens, *mais rien n'est sûr"*... ***ou* hautement improbable** (7), en particulier du fait de la présence de rayonnements ionisants dans l'espace interstellaire. En tout cas, des microorganismes peuvent supporter des irradiations puissantes. Une cyanobactérie, résiste à une irradiation de 11,59 kGy de rayons γ (^{60}Co) (74), il en est de même d'un microorganisme eucaryote soumis à 117,07 kGy (57).

D'autres considérations peuvent poindre : si des microorganismes, venus d'ailleurs, sont parvenus sur Terre, la Terre elle-même n'a t-elle pas pu disséminer ses microorganismes sur d'autres corps célestes quand il y a 66 millions d'années, un astéroïde de dix km de diamètre est venu s'écraser dans la péninsule du Yucatan au Mexique, creusant le cratère Chicxulub de 180 km de diamètre et aurait participé à l'extinction des dinosaures (54a) ? ...et si l'on retrouvait ces bactéries dans les planètes du système solaire que l'on explore...

Par contre, comme on l'a déjà signalé, la présence supposée (38) ou identifiée (5) de **molécules organiques** sur des comètes ou dans les espaces interstellaires, engage certains à concevoir que ces molécules aient pu parvenir sur la Terre et être à la base de la soupe prébiotique conduisant aux briques de la vie (Alexandre Oparine 1924 (55), John Haldane, 1929), à moins qu'un monde prébiotique à ARN soit présent avant l'ADN, les réactions étant catalysées par le ribozyme* (24, 41, 56). Mais la présence de l'**ADN n'est pas à l'origine de la vie**, comme vient de le montrer involontairement (?) le généticien Craig Venter : la transplantation d'une molécule d'ADN dans une cellule ne permet à cette dernière de vivre que si cette dernière était *déjà vivante* auparavant (et gouvernée par un autre ADN que l'on vient d'éliminer) (23).

Craig Venter (un des déchiffreurs du génome humain) (73) en compétition avec le consortium international (42) présentait le 12 juillet 2012, une conférence au *Trinity College* de Dublin, en faisant référence à Erwin Schrödinger (1887 – 1961) qui avait fait, en 1943, une série de conférences dans le même lieu, sur : *Qu'est-ce que la vie...* et Craig Venter expliquait que maintenant, on peut commencer "*par un code numérique informatisé, et élaborer une nouvelle forme de vie*"...

Emporté par le vertige des séquences d'ADN débitées par des dizaines de séquenceurs de gènes, l'homme se sent devenir une manifestation de puissance, il peut, à son gré, assembler des séquences, les ordonner dans un long ruban qui sera ADN et dans sa fougue proclamer : pourquoi chercher l'origine de la vie puisque *je peux créer la vie...* et emporté dans son élan, attendu que l'informatisation est désormais numérique, convertir le code physique

ADN en code digital, lui même transformé en une onde électromagnétique qui peut être transmise à la vitesse de la lumière au delà de la Terre et dans l'instant devenir créateur, créateur d'un monde où chaque molécule a sa place dans le lacis des voies métaboliques, d'un monde prêt à se mouvoir… mais qui reste encore inanimé.

DOCUMENTS

Classification des bactéries suivant leur ARN 16S
de la petite sous-unité du ribosome

Divisions	Subdivisions	Exemple(s) de genre
Protéobactéries	α–protéobactéries β–protéobactéries γ–protéobactéries δ–protéobactéries ε–protéobactéries	*Agrobacterium* *Thiobacillus, Neisseria* *Escherichia* *Myxobacterium* *Helicobacter*
Bactéries à Gram positif	Haut G + C Bas G + C Espèces photo synthétiques Espèces à Gram négatif	*Actinomyces* *Mycobacterium* *Bacillus, Clostridium* *Heliobacterium* *Megasphaera*
Cyanobactéries		*Synechococcus*
Spirochètes et apparentés	Spirochètes Leptospiras	*Treponema* *Leptospira*
Bactéries vertes sulfureuses		*Chlorobium*
Bactéroïdes Flavobactéries	Bactéroïdes Flavobactéries	*Bacteroïdes* *Flavobacterium*
Planctomyces et apparentés	gr des Planctomyces Thermophiles	*Planctomyces* *Isocystis pallida*
Chlamydiae		*Chlamydia trachomatis*
Micrococcus radiorésistants et apparentés	gr des Deinococcus gr desThermophiles	*Deinococcus* *Thermus*
Bactéries vertes non sulfureuses	gr des Chloroflexus Thermomicrobium	*Chloroflexus* *Thermomicrobium*

p. 35-Figure I-6 : **Classification des bactéries suivant leur ARN 16S** (d'après Woese 1987). Cette classification présente dix groupes phylogénétiques. Elle ne se superpose pas avec les anciennes nomenclatures, basées sur la coloration de Gram, la forme, la relation avec l'oxygène… : *Escherichia coli* fait partie de la famille des Entérobactéries, bacilles à Gram négatif anaérobies facultatifs. *Clostridium tetani* fait partie des bacilles à Gram positif anaérobies formant des endospores. *Flavobacterium*, fait partie des bacilles à Gram négatif, aérobie stricte. Les bactéries appartenant aux espèces de « Haut G +C » (ou Actinobacteria), de « Bas G + C » (ou Firmicutes) et Proteobacteria sont présentes dans tous les prélèvements de pergélisol indiquant que ces bactéries sont bien adaptées aux basses températures et au terrain pauvre en eau. Les methanogènes correspondent à une centaine de bactéries du domaine des Archaea.

p. 120 : Applications biotechnologiques. Elles ne sont pas l'objet de cet ouvrage, mais la haute activité biologique des enzymes psychrophiles et la possibilité d'une rapide inactivation à des températures peu élevées, sont deux propriétés très utiles en biotechnologie.
Les applications sont variées et beaucoup sont encore à venir... Des revues donnent des exemples dans différents domaines. Les détergents, pour des lessives à froid, contiennent des lipases (hydrolysant les graisses), des protéases (contre les taches de sang...), des amylases (pour hydrolyser l'amidon...), des cellulases (hydrolyse des fibres de coton lors de la fabrication des pièces...). Dans l'alimentation, des enzymes psychrophiles interviennent dans la fabrication des fromages, du pain pour préserver le parfum ou augmenter le goût ; la β-galactosidase (ou lactase) élimine le lactose du lait et rend ce dernier acceptable par les sujets intolérants à ce sucre ; le contrôle plus précis de la réaction est obtenu avec une enzyme immobilisée sur un support inerte (billes de verre...) ; des protéases pourraient attendrir la viande, dont l'activité serait contrôlée par augmentation de la température, ce qui éviterait l'altération du produit. En bioremédiation, des enzymes psychrophiles permettent la dégradation des contaminants organiques dans les pays froids (élimination de l'essence de moteur diésel contaminant les pistes de ski...). En biologie moléculaire, la phosphatase alcaline d'une bactérie isolée de l'eau de l'antarctique (permettant de déphosphoryler les vecteurs ADN avant le clonage pour empêcher leur circularisation) peut être ensuite inactiver irréversiblement sans qu'il y ait d'interférence avec les réactions suivantes. La polymérase Taq thermostable, isolée de *Thermus aquaticus*, utilisée pour amplifier la quantité de courts segments d'ADN au cours de PCR (*Polymerase Chain Reaction*). D'autres exemples d'enzymes adaptées au froid sont aussi utilisées dans ce domaine de la biologie (hydrolases de l'ADN, ARN ou recombinases catalysant les échanges d'ADN, ligases reliant les brins coupés...)

Cavicchioli R, Charlton T, Ertan H, Mohd Omar S, Siddiqui KS, Williams TJ.
Biotechnological uses of enzymes from psychrophiles. Microb Biotechnol. 2011, *4* : 449-60.

Feller G, MargesinR.
Polar microorganismes and biotechnology, *in* Polar Microbiology, life in a deep Freeze, Miller RV, Whyte LG eds. ASM press, Washington, 2012, p.166-80.

Sarmiento F, Peralta R, Blamey JM.
Cold and Hot Extremozymes: Industrial Relevance and Current Trends. Front Bioeng Biotechnol. 2015, *3* : 148.

GLOSSAIRE

* signifie que les mots sont répertoriés dans le glossaire.

Allostérie : mode de régulation de l'activité d'une protéine oligomérique (ici une enzyme) où la fixation d'une molécule effectrice en un site, modifie les conditions de fixation d'une autre molécule, au niveau du site catalytique.

Chimio-litho-autotrophes : ces bactéries ont - pour source d'énergie un composé inorganique (composé soufré par exemple) - pour donneur d'électrons (litho) l'hydrogène ($H_2 = 2H^+ + 2^{e-}$) ou les nitrites ($NO_2^- = NO_3^-$) par exemple, et - pour source de carbone, le dioxyde de carbone CO_2 .

Clathrate : (du grec *klathron*, fermeture) : réseau de molécules formant une cage enfermant une autre molécule. L'hydrate de méthane est un réseau de molécules d'eau emprisonnant une molécule de méthane.

Codon : un codon est une séquence de trois nucléotides sur un acide ribonucléique messager (ARNm) codant pour un acide aminé. Quatre bases nucléiques participent à la formation d'un ARN messager — adénine, uracile, guanine, et cytosine — de sorte qu'il existe $4^3 = 64$ codons différents, codant pour 22 acides aminés. Il existe aussi des codons d'initiation et d'arrêt de la synthèse de la chaîne d'acides aminés. Plusieurs codons peuvent désigner le même acide aminé, on parle alors de codons *synonymes*.

CRISPR-Cas9 : ce système fonctionne comme des ciseaux génétiques. Il cible une zone spécifique de l'ADN, la coupe et y insère la séquence que l'on souhaite. Dans la cellule, un brin d'ARN va reconnaître la séquence homologue sur l'ADN et s'y fixer. L'enzyme Cas9 (endonucléase) découpe la chaine d'ADN complémentaire à ce brin ARN. La brèche laissée par le passage de CRISPR-Cas9 peut être comblée par un nouveau fragment d'ADN (Doudna JA, Charpentier E. Science. 2014, *346* : 1258096).

Cycle de Krebs : ce cycle est une voie métabolique présente dans tous les organismes aérobies, au cours de laquelle les groupements acétyles (provenant de la dégradation des glucides, lipides, acides aminés) sont dégradés en CO_2 et H_2O après l'action de huit enzymes, et l'énergie récupérée est sous forme de 12 ATP après différentes réoxydations par la chaine respiratoire. Ce cycle indispensable a été un des premiers éléments fondateur du métabolisme cellulaire.

Da : Dalton : unité de masse atomique égale au douzième de la masse du noyau carbone C12. Unité provenant du nom du physicien et chimiste anglais John Dalton (1766 - 1844).

Dextrogyre (du latin *dexter*, droit) : un composé dextrogyre a la propriété de faire dévier le plan de polarisation de la lumière polarisée vers la droite d'un observateur qui reçoit la lumière (l'observateur voit le plan tourner dans le sens des aiguilles d'une montre).

Diagenèse : ensemble des processus physico-chimiques et biochimiques par lesquels les sédiments sont transformés en roches sédimentaires.

Fluorescence : la fluorescence d'une protéine est un mélange de fluorescences individuelles dues aux résidus aromatiques de certains acides aminés (tyrosine, phénylalanine, tryptophane, ce dernier étant le fluorophore le plus important). La longueur d'onde de la lumière *incidente* donnant la plus forte fluorescence est 280 nm, la longueur d'onde la plus spécifique du tryptophane étant 295 nm. L'*émission* de la fluorescence se situe entre 300 – 350 nm (Strambini *et al*, 2010). Elle permet de connaître l'état de conformation de la protéine.

Gaz à effet de serre : deux gaz sont principalement en cause : le dioxyde de carbone CO_2 et le méthane CH_4. Les rayons du soleil pénètrent dans l'espace terrestre, comme dans une serre, les radiations sont absorbées, le sol réémet des radiations infrarouges chargées de chaleur qui sont absorbées par le CO_2, comme le fait le vitrage de la serre : l'énergie thermique reste ainsi dans l'écosphère terrestre. Il y a une corrélation positive entre des valeurs élevées de la concentration en CO_2 et des températures élevées sur la Terre. Rappelons que les plantes captent le CO_2 au cours de la photosynthèse et libèrent de l'oxygène dans l'atmosphère. La mesure de la quantité de ces gaz s'exprime en **ppm** (partie par million, par exemple, un ml par m^3).

GC : Guanine – Cytosine. Les acides nucléiques, constitutifs de l'ADN, sont constitués par quatre composés basiques : adénine, thymine, guanine, cytosine, appariés deux à deux : AT, GC. On peut regrouper les bactéries par leur teneur en CG ou AT.

Gram : coloration des bactéries mise au point par le Danois Hans C.J. Gram. Elle permet de distinguer les bactéries à **Gram positif**, colorées en violet et les bactéries à **Gram négatif**, colorées en rose. Cette différence de coloration est due à des différences de composition chimique de la paroi bactérienne.

Halophile (*halos*, sel) : une bactérie halophile a besoin, ou tolère, des concentrations élevées en sel (majoritairement, chlorure de sodium NaCl, concentration très supérieure à 9 pour mille).

Hfq : protéine chaperone (qui aide, coopère avec…) l'ARN. Une de ses actions est de se lier à de petits ARN (moins de 300 bases), dits régulateurs (car ils ne codent pour aucune protéine) et en découplant transcription et translation, bloque l'accès au ribosome de l'ARN messager. (De Lay *et al*. J Biol Chem. 2013, *288* : 7996).

Inversion du saccharose : la lumière est polarisée (par le prisme en calcite de Nicol ou par un feuillet polarisant) quand le vecteur lumineux a une direction fixe dans l'espace. Lorsque la lumière polarisée traverse une solution de saccharose qui présente une dissymétrie moléculaire, elle est déviée vers la droite (+ 66,5°, le saccharose est dextrogyre) alors que le produit de la réaction (glucose + fructose) dévie la lumière polarisée vers la gauche (-20°) (le fructose est très lévogyre -92,4° alors que le glucose est moins dextrogyre + 52,5°). Il y a *inversion* du plan de la lumière polarisée.

Isologie : similitude de structure carbonée de deux composés différents, ayant des propriétés chimiques quasi identiques.

Katabatique (vent), **Loewe** (phénomène de) : air froid produit en altitude (passage sur un glacier, par exemple), qui dévale une pente vers une zone de dépression en aval, produisant un vent très violent.

Kinase : enzyme qui permet une phosphorylation : le transfert d'un groupement phosphate de l'adénosine triphosphate (ATP) vers un substrat.

Kpb : kilo paires de base (1.000 paires de bases).

Mendeleev (tableau périodique des éléments). En 1869, le chimiste russe Dmitri Mendeleev classa les éléments suivant leur masse atomique relative. Cette dernière conférant certaines propriétés chimiques et physiques, permit de rassembler les éléments ayant les mêmes caractéristiques, en colonnes verticales (groupes) et en rangée horizontales (périodes).

Métagénomique : technique qui permet le séquençage de la totalité de l'ADN présent dans un échantillon prélevé dans n'importe quel environnement (eau de mer, contenu de notre intestin...). Le séquençage a lieu au rythme de plusieurs dizaines de milliards de bases nucléiques par jour. L'analyse informatique permet de faire l'inventaire des espèces présentes dans l'échantillon.

MilliGray (milliGy) : le Gray représente l'énergie d'un rayonnement ionisant apportant une énergie d'un joule à un milieu homogène d'une masse d'un kg. Il a la même définition physique que le Sievert. Le Gray mesure la dose absorbée, le Sievert mesure l'effet biologique.

Mole : unité de quantité de matière contenant le même nombre d'atomes de carbone contenus dans 12 g de carbone 12, soit environ $6{,}022 \times 10^{23}$ (nombre d'Avogadro).

μ **m** : micromètre (10^{-6} mètre).

nm : nanomètre, un milliardième de mètre (10^{-9} mètre).

Opéron : chez les bactéries, ensemble de gènes dont le fonctionnement est d'un seul tenant (ce qui se traduit par la synthèse d'un seul ARN messager). L'opéron est constitué (i) de gènes de structure pour la synthèse de macromolécules nécessaires à la vie de la bactérie, (ii) d'un promoteur qui gouverne le fonctionnement des gènes de structure et (iii) d'un gène opérateur qui permet ou non le fonctionnement du promoteur.

Orthologue : deux protéines sont orthologues si leurs gènes ont divergé à partir d'une séquence ancêtre commune.

PCR (*Polymerase Chain Reaction*) : technique qui permet d'amplifier (de *multiplier*) une séquence déterminée de nucléotides faisant partie d'un ADN double brin (gène *rrs* par exemple) à partir de deux amorces (*primers*) constituées par des oligonucléotides délimitant l'ADN à amplifier.

Périhélie : point de la trajectoire d'un objet céleste en orbite autour du soleil, point qui est le plus proche du soleil.

Ph.D. *Philosophiæ doctor* (ou *doctor philosophiæ*), *(*littéralement « docteur en philosophie ») est, dans le système universitaire anglo-saxon ou franco-canadien, l'intitulé d'un diplôme de doctorat.

Phage : un phage est un virus qui infecte spécifiquement une espèce bactérienne bien précise. Il en résulte deux activités. En se fixant et en injectant son ADN dans la bactérie, il détourne le métabolisme de cette cellule et la détruit : le phage est virulent. Dans certains cas il est moins actif (il est dit tempéré) et au cours de sa multiplication dans la bactérie, il peut prendre des gènes de l'ADN bactérien et les transmettre à une autre bactérie : le phage est transducteur.

Plasmide : un plasmide est une petite molécule d'ADN distincte de l'ADN chromosomique, capable de réplication autonome et non essentielle à la vie de la cellule, mais permettant une adaptation à des conditions de vie devenues difficiles (certains plasmides portent des gènes permettant à la bactérie de produire des enzymes inactivant les antibiotiques).

Point isoélectrique pI : au pI, le pH de la molécule est neutre : la molécule a autant de charges positives que de charges négatives.

Polaire : dans une molécule les charges négatives et positives peuvent être réparties en des lieux différents. Si elles sont réparties de façon asymétrique, la molécule est polaire. Dans un acide gras, la partie hydrophile est $R\text{-}COO^-$.

Ppbw : *parts per billion by weigh* (un pour un milliard en poids).

Pseudomonas aeruginosa : bacille à Gram négatif, ubiquitaire, participant à des biofilms, agent d'infections, en particulier nosocomiales, souvent sévères, car résistantes aux antibiotiques.

Quorum sensing (QS) : le QS permet de synchroniser l'état des individus d'une population bactérienne, dont l'expression des gènes dépend de la *densité* bactérienne. Les bactéries porteuses de QS émettent des signaux (molécules que l'on appellent *autoinducteurs*) qui ne rentrent dans les cellules productrices et pénètrent dans les bactéries avoisinantes que si la densité de ces bactéries atteint une certaine valeur (un quorum). L'effet autoinducteur obtenu augmente la production de signaux qui se fixent sur des récepteurs intracellulaires et les régulent (activent ou répriment).

Ribozyme : l'ARN peut avoir une activité catalytique (comme une enzyme protéique).

Synthèse non ribosomique (SNR) : la synthèse d'un polypeptide résulte normalement du passage de l'ARN messager au niveau du ribosome. Dans la SNR, présente chez les bactéries produisant des antibiotiques, la synthèse est due à des enzymes multifonctionnelles, sans rapport avec le ribosome.

Talomidine : les isomères (ou stéréoisomères) ont la même formule brute et diffèrent seulement dans l'arrangement spatial de leurs atomes. Les énantiomères (dits R et S) sont des isomères dont les images spatiales ne se superposent pas dans un miroir. La Talomidine était un composé racémique (un mélange de deux énantiomères). Elle fut prescrite à partir de 1957 dans 46 pays, à de nombreux patients, dont des femmes enceintes, comme sédatif et anti nauséeux. Ce composé s'est révélé être dramatiquement tératogène (enfants sans membre et autres malformations) et fut exclu des prescriptions. On démontra que seul l'énantiomère S était tératogène (Ockenfels H, Köhler F. Experientia, 1970, *26* : 1236-7), l'énantiomère R gardait des propriétés hypnotiques, mais également une action inhibitrice de la croissance de vaisseaux sanguins autour et dans les tumeurs.

Transposon : segment d'ADN qui peut se déplacer d'un ADN à un autre grâce à une protéine (transposase) dont il possède le gène ; il s'insère dans un ADN receveur, sans qu'il y ait d'homologie entre les ADN. Il possède, outre le gène de la transposase, d'autres gènes (métaboliques, de virulence…).

Turn over : la rotation des métabolites (à base de carbone…) dans une cellule, permet de caractériser la dynamique de la cellule (un taux élevé = cellule très active).

Van't Hoff, constante : la variation d'énergie libre d'une réaction chimique à l'équilibre : les processus direct et inverse se déroulent à la même vitesse, la constante d'équilibre est K_{eq}.

REFERENCES

II- L'antarctique et les lacs sous-glaciaires. L'arctique et le pergélisol

(1) Alekhina IA, Marie D, Petit JR, Lukin VV, Zubkov VM, Bulat SA.
Molecular analysis of bacterial diversity in kerosene-based drilling fluid from the deep ice borehole at Vostok, East Antarctica. FEMS Microbiol Ecol. 2007, *59* : 289-99.

(2) Ameisen JC.
Sur le épaules de Darwin. Les battements du temps. Actes Sud, Babel *ed.* Arles, Paris. 2014, 440 p.

(3) Bakermans C, Skidmore M.
Microbial respiration in ice at subzero temperatures (-4°C to -33°C). Environ Microbiol Rep. 2011, *3* : 774-82

(4) Bell RE, Studinger M, Tikku AA, Clarke GK, Gutner MM, Meertens C.
Origin and fate of Lake Vostok water frozen to the base of the East Antarctic ice sheet. Nature. 2002, *416* : 307-10.

(5) Bell RE, Studinger M, Shuman CA, Fahnestock MA, Joughin I.
Large subglacial lakes in East Antarctica at the onset of fast-flowing ice streams. Nature. 2007, *445* : 904-7.

(6) Breezee J, Cady N, Staley JT.
Subfreezing growth of the sea ice bacterium *Psychromonas ingrahamii*. Microb Ecol. 2004, *47* : 300-4.

(7) Brinkmeyer R, Knittel K, Jurgens J,Weyland H, Amann R, Helmke E.
Diversity and structure of bacterial communities in Arctic versus Antarctic pack ice. Appl. Environ. Microbiol. 2003, *69* : 6610–6619.

(8) Bulat SA, Alekhina IA, Blot M, Petit JR, de Angelis M, Wagenbach D, Lipenkov VY,Vasilyeva LP, Wloch DM, Raynaud D, Lukin VV
DNA signature of thermophilic bacteria from the aged accretion ice of Lake Vostok, Antarctica: implications for searching for life in extreme icy environments. Intern J Astrobiol. 2004, *3*, 1-12

(9) Bulat SA.
Microbiology of the subglacial Lake Vostok: first results of borehole-frozen lake water analysis and prospects for searching for lake inhabitants. Philos Trans A Math Phys Eng Sci. 2016, *374*(2059). pii: 20140292.

(10) Cailloce L.
Pergélisol, le piège climatique. Le Journal du CNRS, 26 janvier 2015.

(11) Carter, S.P, Fricker, H.A, Siegfried, M.R.
Evidence of rapid subglacial water piracy under Whillans Ice Stream, West Antarctica. Journal of Glaciology, 2013, *59*, 1147-1162.

(12) Chikuma S, Kasahara R, Kato C, Tamegai H.
Bacterial adaptation to high pressure: a respiratory system in the deep-sea bacterium *Shewanella violacea* DSS12. FEMS Microbiol Lett. 2007, *267* : 108-12.

(13) Christner BC, Mosley-Thompson E, Thompson LG, Reeve JN.
Isolation of bacteria and 16S rDNAs from Lake Vostok accretion ice. Environ Microbiol. 2001, *3* : 570-7.

(14) Christner BC, Royston-Bishop G, Foreman CM, Arnold BR, Tranter M, Welch KA, Lyons WB, Tsapin AI, Studinger M, Priscu JC.
Limnological conditions in subglacial lake Vostok, Antarctica. Limnology and Oceanography. 2006, *51* : 2485-501.

(15) Christner BC, Priscu JC, Achberger AM, Barbante C, Carter SP, Christianson K, Michaud AB, Mikucki JA, Mitchell AC, Skidmore ML, Vick-Majors TJ; WISSARD Science Team.
A microbial ecosystem beneath the West Antarctic ice sheet. Nature. 2014, *512* : 310-3.

(16) D'Elia T, Veerapaneni R, Rogers SO.
Isolation of microbes from Lake Vostok accretion ice. Appl Environ Microbiol. 2008, *74* : 4962-5.

(17) Drancourt M, Bollet C, Carlioz A, Martelin R, Gayral JP, Raoult D.
16S ribosomal DNA sequence analysis of a large collection of environmental and clinical unidentifiable bacterial isolates. J Clin Microbiol. 2000, *38* : 3623-30.

18) Emerson D, Moyer C.
Isolation and characterization of novel iron-oxidizing bacteria that grow at circumneutral pH. Appl Environ Microbiol. 1997, *63* : 4784-92.

(19) Ewert M, Deming JW.
Sea ice microorganisms: environmental constraints and extracellular responses. Biology (Basel). 2013, *2* : 603-28.

(20) Fisher AT, Mankoff KD, Tulaczyk SM, Tyler SW, Foley N; WISSARD Science Team.
High geothermal heat flux measured below the West Antarctic Ice Sheet. Sci Adv. 2015. *1* : e1500093.

(21) Forterre P.
Les microbes de l'enfer. Belin *ed*. Paris, 2007, 256 p.

(22) Fricker, HA, Scambos T.
Connected subglacial lake activity on lower Mercer and Whillans Ice Streams, West Antarctica, 2003-2008. Journal of Glaciology. 2009, *55* : 303-315.

(23) Genthon G, Barnola JM, Raynaud D, Lorius C, Jouzel J, Barkov NI, Korotkevich YS, Kotlyakov VM.
Vostok ice core: climatic response to CO_2 and orbital forcing changes over the last climatic cycle. Nature. 1987, *329*, 414-18.

(24) Gilichinsky D, Rivkina E, Shcherbakova V, Laurinavichuis K, Tiedje J.
Supercooled water brines within permafrost-an unknown ecological niche for microorganisms: a model for astrobiology. Astrobiology. 2003 Summer, *3* : 331-41.

(25) Gosink JJ, Staley JT.
Biodiversity of gas vacuolate bacteria from Antarctic sea ice and water. Appl Environ Microbiol. 1995, *61* : 3486-9.

(26) Gramling C.
Polar science. A tiny window opens into Lake Vostok, while a vast continent awaits. Science. 2012, *335* : 788-9.

(27) Johnson SS, Hebsgaard MB, Christensen TR, Mastepanov M, Nielsen R, Munch K, Brand T, Gilbert MT, Zuber MT, Bunce M, Rønn R, Gilichinsky D, Froese D, Willerslev E.
Ancient bacteria show evidence of DNA repair. Proc Natl Acad Sci U S A. 2007, *104* : 14401-5.

(28) Jouzel J, Genthon C, Lorius C, Petit JR, Barkov NI.
Vostok ice core: a continuous isotope temperature record over the last climatic cycle (160,000 years). Nature. 1987, *329* : 403–8

(29) Junge K, Eicken H, Swanson BD, Deming JW.
Bacterial incorporation of leucine into protein down to -20 degrees C with evidence for potential activity in sub-eutectic saline ice formations. Cryobiology. 2006. *52* : 417-29.

(30) Kapitsa P, Ridley JK, de Q. Robin G, Siegert MJ, Zotikov IA.
A large deep freshwater lake beneath the ice of central East Antarctica. Nature. 1996, *381* : 684-6.

(31) Karl D. M., Bird D. F., Björkman K., Houlihan T., Shackelford R., Tupas L.
Microorganisms in the accreted ice of Lake Vostok, Antarctica. Science. 1999, *286*, 2144–2147.

(32) Kelly DP, Wood AP.
Confirmation of *Thiobacillus denitrificans* as a species of the genus Thiobacillus, in the beta-subclass of the Proteobacteria, with strain NCIMB 9548 as the type strain. Int J Syst Evol Microbiol. 2000, *50* Pt 2 : 547-50.

(33) Kennedy SP, Ng WV, Salzberg SL, Hood L, DasSarma S.
Understanding the adaptation of *Halobacterium* species NRC-1 to its extreme environment through computational analysis of its genome sequence. Genome Res. 2001, *11* : 1641-50.

(34) Knittel K, Kuever J, Meyerdierks A, Meinke R, Amann R, Brinkhoff T.
Thiomicrospira arctica sp. nov. and *Thiomicrospira psychrophila* sp. nov., psychrophilic, obligately chemolithoautotrophic, sulfur-oxidizing bacteria isolated from marine Arctic sediments. Int J Syst Evol Microbiol. 2005, *55* : 781-6.

(35) Kuhn E, Ichimura AS, Peng V, Fritsen CH, Trubl G, Doran PT, Murray AE.
Brine assemblages of ultrasmall microbial cells within the ice cover of Lake Vida, Antarctica. Appl Environ Microbiol. 2014, *80* : 3687-98.

(36) Legendre M, Bartoli J, Shmakova L, Jeudy S, Labadie K, Adrait A, Lescot M, Poirot O, Bertaux L, Bruley C, Couté Y, Rivkina E, Abergel C, Claverie JM.
Thirty-thousand-year-old distant relative of giant icosahedral DNA viruses with a pandoravirus morphology. Proc Natl Acad Sci U S A. 2014, *111* : 4274-9.

(37) Li J, Qi L, Guo Y, Yue L, Li Y, Ge W, Wu J, Shi W, Dong X.
Global mapping transcriptional start sites revealed both transcriptional and post-transcriptional regulation of cold adaptation in the methanogenic archaeon *Methanolobus psychrophilus*. Sci Rep. 2015, *5* : 9209.

(38) Liebner S, Rublack K, Stuehrmann T, Wagner D.
Diversity of aerobic methanotrophic bacteria in a permafrost active layer soil of the Lena Delta, Siberia. Microb Ecol. 2009, *57* : 25-35.

(39) Lorius C.
Glaces de l'antarctique, une mémoire, des passions. Odile Jacob *ed*. Paris, 1991, 301 p.

(40) Margesin R1, Neuner G, Storey KB.
Cold-loving microbes, plants, and animals--fundamental and applied aspects. Naturwissenschaften. 2007, *94* : 77-99.

(41) Médigue C, Krin E, Pascal G, Barbe V, Bernsel A, Bertin PN, Cheung F, Cruveiller S, D'Amico S, Duilio A, Fang G, Feller G, Ho C, Mangenot S, Marino G, Nilsson J, Parrilli E, Rocha EP, Rouy Z, Sekowska A, Tutino ML, Vallenet D, von Heijne G, Danchin A.
Coping with cold: the genome of the versatile marine Antarctica bacterium *Pseudoalteromonas haloplanktis* TAC125. Genome Res. 2005, *15* : 1325-35.

(42) Mikucki JA, Pearson A, Johnston DT, Turchyn AV, Farquhar J, Schrag DP, Anbar AD, Priscu JC, Lee PA.
A contemporary microbially maintained subglacial ferrous "ocean". Science. 2009, *324* : 397-400.

(43) Mikucki JA, Lee PA, Ghosh D, Purcell AM, Mitchell AC, Mankoff KD, Fisher AT, Tulaczyk S, Carter S, Siegfried MR, Fricker HA, Hodson T, Coenen J, Powell R, Scherer R, Vick-Majors T, Achberger AA, Christner BC, Tranter M; WISSARD Science Team.
Subglacial Lake Whillans microbial biogeochemistry: a synthesis of current knowledge. Philos Trans A Math Phys Eng Sci. 2016, *374* : (2059). pii: 20140290.

(44) Murray AE, Kenig F, Fritsen CH, McKay CP, Cawley KM, Edwards R, Kuhn E, McKnight DM, Ostrom NE, Peng V, Ponce A, Priscu JC, Samarkin V, Townsend AT, Wagh P, Young SA, Yung PT, Doran PT.
Microbial life at -13 °C in the brine of an ice-sealed Antarctic lake. Proc Natl Acad Sci U S A. 2012, *109* : 20626-31.

(45) Nelson KE, Clayton RA, Gill SR, Gwinn ML, Dodson RJ, Haft DH, Hickey EK, Peterson JD, Nelson WC, Ketchum KA, McDonald L, Utterback TR, Malek JA, Linher KD, Garrett MM, Stewart AM, Cotton MD, Pratt MS, Phillips CA, Richardson D, Heidelberg J, Sutton GG, Fleischmann RD, Eisen JA, White O, Salzberg SL, Smith HO, Venter JC, Fraser CM.
Evidence for lateral gene transfer between Archaea and bacteria from genome sequence of *Thermotoga maritima*. Nature. 1999, *399* : 323-9.

(46) Ostroumov VE, Siegert C.
Exobiological aspects of mass transfer in microzones of permafrost deposits. Adv Space Res. 1996, *18* : 79-86.

(47) Pathak R, Narang P, Chandra M, Kumar R, Sharma PK, Gautam HK.
Homology modeling and comparative profiling of superoxide dismutase among extremophiles : *exiguobacterium* as a model organism. Indian J Microbiol. 2014, *54* : 450-8.

(48) Price PB, Sowers T.
Temperature dependence of metabolic rates for microbial growth, maintenance, and survival. Proc Natl Acad Sci U S A. 2004, *101* : 4631-6.

(49) Priscu JC, Adams EE, Lyons WB, Voytek MA, Mogk DW, Brown RL, McKay CP, Takacs CD, Welch KA, Wolf CF, Kirshtein JD, Avci R.
Geomicrobiology of subglacial ice above Lake Vostok, Antarctica. Science. 1999, *286* : 2141-4.

(50) Priscu JC, Achberger AM, Cahoon JE, Christner BC, Edwards RL, Jones WL, Michaud AB, Siegfried MR, Skidmore ML, Spigel RH, Switzer GW, Tulaczyk S, Vick-Majors TJ . A microbiologically clean strategy for access to the Whillans Ice Stream subglacial environment. *Antarctic Science*. 2013, *25* : 637–647.

(51) Riley M, Staley JT, Danchin A, Wang TZ, Brettin TS, Hauser LJ, Land ML, Thompson LS.
Genomics of an extreme psychrophile, *Psychromonas ingrahamii*. BMC Genomics. 2008, *9* : 210.

(52) Rivkina EM, Friedmann EI, McKay CP, Gilichinsky DA.
Metabolic activity of permafrost bacteria below the freezing point. Appl Environ Microbiol. 2000, *66* : 3230-3.

(53) Rivkina E, Laurinavichius K, McGrath J, Tiedje J, Shcherbakova V, Gilichinsky D.
Microbial life in permafrost. Adv Space Res. 2004, *33* : 1215-21.

(54) Rodrigues DF, Ivanova N, He Z, Huebner M, Zhou J, Tiedje JM.
Architecture of thermal adaptation in an *Exiguobacterium sibiricum* strain isolated from 3 million year old permafrost: a genome and transcriptome approach. BMC Genomics. 2008, *9* : 547.

(55) Rohde RA, Price PB.
Diffusion-controlled metabolism for long-term survival of single isolated microorganisms trapped within ice crystals. Proc Natl Acad Sci
U S A. 2007, *104* :16592-7.

(56) Salamatin AN, Tsyganova E, Lipenkov V, Petit JR.
Vostok (Antarctica) ice-core time-scale from datings of different origins. Annals Glaciol 2004, *39*: 283–92.

(57) Schostag M, Stibal M, Jacobsen CS, Bælum J, Taş N, Elberling B, Jansson JK, Semenchuk P, Priemé A.
Distinct summer and winter bacterial communities in the active layer of Svalbard permafrost revealed by DNA- and RNA-based analyses. Front Microbiol. 2015. *6* : 399.

(58) Shackleton E.
L'Odyssée de l'Endurance. Phébus, Libretto *ed*, Paris. 1988, 330 p. Préface de Paul-Émile Victor.

(59) She Q, Singh RK, Confalonieri F, Zivanovic Y, Allard G, Awayez MJ, Chan-Weiher CC, Clausen IG, Curtis BA, De Moors A, Erauso G, Fletcher C, Gordon PM, Heikamp-de Jong I, Jeffries AC, Kozera CJ, Medina N, Peng X, Thi-Ngoc HP, Redder P, Schenk ME, Theriault C, Tolstrup N, Charlebois RL, Doolittle WF, Duguet M, Gaasterland T, Garrett RA, Ragan MA, Sensen CW, Van der Oost J.
The complete genome of the crenarchaeon *Sulfolobus solfataricus* P2. Proc Natl Acad Sci U S A. 2001, *98* : 7835-40.

(60) Shi T, Reeves RH, Gilichinsky DA, Friedmann EI.
Characterization of viable bacteria from Siberian permafrost by 16S rDNA sequencing. Microb Ecol. 1997, *33* : 169-79.

(61) Shtarkman YM, Koçer ZA, Edgar R, Veerapaneni RS, D'Elia T, Morris PF, Rogers SO.
Subglacial Lake Vostok (Antarctica) accretion ice contains a diverse set of sequences from aquatic, marine and sediment-inhabiting bacteria and eukarya. PLoS One. 2013, *8* : e67221.

(62) Siegert MJ, Kwok R, Mayer C, Hubbard B.
Water exchange between the subglacial Lake Vostok and the overlying ice sheet. Nature. 2000, *403* : 643-6.

(63) Siegert MJ, Priscu JC, Alekhina IA, Wadham JL, Lyons WB.
Antarctic subglacial lake exploration: first results and future plans. Philos Trans A Math Phys Eng Sci. 2016, *374* (2059). pii: 20140466.

(64) Stanier RY, Van Niel CB.
The concept of a bacterium. Arch Mikrobiol. 1962. *42* : 17-35.

(65) Steven B, Léveillé R, Pollard WH, Whyte LG.
Microbial ecology and biodiversity in permafrost. Extremophiles. 2006. *10* : 259-67.

(66) Steven B, Briggs G, McKay CP, Pollard WH, Greer CW, Whyte LG.
Characterization of the microbial diversity in a permafrost sample from the Canadian high Arctic using culture-dependent and culture-independent methods. FEMS Microbiol Ecol. 2007. *59* : 513-23.

(67) Tarnocai C, Canadell JG, Schuur EAG, Kuhry P, Mazhitova G.
Soil organic pools in the northern circumpolar permafrost region. Global Biogeochemical Cycles 23, 2009, GB2023.

(68) Toffano-Nioche C, Ott A, Crozat E, Nguyen AN, Zytnicki M, Leclerc F, Forterre P, Bouloc P, Gautheret D.
RNA at 92 °C: the non-coding transcriptome of the hyperthermophilic archaeon *Pyrococcus abyssi*. RNA Biol. 2013, *10* : 1211-20.

(69) Tulaczyk S, Mikucki JA, Siegfried MR, Priscu JC, Barcheck CG, Beem LH, Behar A, Burnett J, Christner BC, Fisher AT, Fricker HA, Mankoff KD, Powell RD, Rack F, Sampson D, Scherer RP, Schwartz SY.
WISSARD at Subglacial Lake Whillans, West Antarctica: scientific operations and initial observations. Annals of Glaciology. 2014, *55*, 51-58.

(70) Vishnivetskaya TA, Petrova MA, Urbance J, Ponder M, Moyer CL, Gilichinsky DA, Tiedje JM.
Bacterial community in ancient Siberian permafrost as characterized by culture and culture-independent methods. Astrobiology. 2006. *6* : 400-14.

(71) Vorobyova GA *et al.* Microorganisms and biomarker in permafrost, *in* R. Paepe and V. Melnikov *eds.* Permafrost response on economic development, environmental security and natural resources. Kluwer Academic Publishers, Netherlands, 2001.

(72) Wadham JL, Arndt S, Tulaczyk S, Stibal M, Tranter M, Telling J, Lis GP, Lawson E, Ridgwell A, Dubnick A, Sharp MJ, Anesio AM, Butler CE.
Potential methane reservoirs beneath Antarctica. Nature. 2012, *488* : 633-7.

(73) Woese CR, Fox GE.
Phylogenetic structure of the prokaryotic domain: the primary kingdoms. Proc Natl Acad Sci U S A. 1977, *74* : 5088-90.

(74) Woese CR.
Bacterial evolution. Microbiol Rev. 1987, *51* : 221-71.

(75) Woese CR, Kandler O, M L, Wheelis M.L.
Towards a natural system of organisms: proposal for the domains Archaea, Bacteria and Eucarya. Proc. Natl Acad. Sci. USA. 1990, *87* : 4576–9.

(76) Woese CR.
The Archaea : an in invitation to evolution 1-13, *in* Archaea Molecular and Cellular Biology. R. Cavicchioli ed . ASM Press, Washington, DC USA. 2007, 523 p.

(77) Wright A, Siegert M.
A fourth inventory of Antarctic subglacial lakes. Antarctic Science. 2012, *24* : 659-64.

(78) Xu HS, Roberts N, Singleton FL, Attwell RW, Grimes DJ, Colwell RR.
Survival and viability of nonculturable *Escherichia coli* and *Vibrio cholerae* in the estuarine and marine environment. Microb Ecol. 1982, *8* : 313-23.

(79) Xu Y, Nogi Y, Kato C, Liang Z, Rüger HJ, De Kegel D, Glansdorff N.
Moritella profunda sp. nov. and *Moritella abyssi* sp. nov., two psychropiezophilic organisms isolated from deep Atlantic sediments. Int J Syst Evol Microbiol. 2003, *53*(Pt 2) : 533-8.

(80) Yashina S, Gubin S, Maksimovich S, Yashina A, Gakhova E, Gilichinsky D.
Regeneration of whole fertile plants from 30,000-y-old fruit tissue buried in Siberian permafrost. Proc Natl Acad Sci U S A. 2012, *109* : 4008-13.

(81) Yvon-Durocher G, Allen AP, Bastviken D, Conrad R, Gudasz C, St-Pierre A, Thanh-Duc N, del Giorgio PA.
Methane fluxes show consistent temperature dependence across microbial to ecosystem scales. Nature. 2014, *507* : 488-91.

(82) Zhang De-Chao, Brouchkov A, Griva G, Schinner F and Margesin R.
Isolation and Characterization of Bacteria from Ancient Siberian Permafrost Sediment. Biology 2013, *2*, 85-106.

III- La vie des bactéries aux basses températures

(1) Achberger AM, Brox TI, Skidmore ML, Christner BC
Expression and Partial Characterization of an Ice-Binding Protein from a Bacterium Isolated at a Depth of 3,519 m in the Vostok Ice Core, Antarctica. Front Microbiol. 2011, *2* : 255.

(2) Aguilar PS, Cronan JE Jr, de Mendoza D.
A *Bacillus subtilis* gene induced by cold shock encodes a membrane phospholipid desaturase. J Bacteriol. 1998, *180* : 2194-200.

(3) Aguilar PS, Hernandez-Arriaga AM, Cybulski LE, Erazo AC, de Mendoza D.
Molecular basis of thermosensing: a two-component signal transduction thermometer in *Bacillus subtilis*. EMBO J. 2001, *20* : 1681-91.

(4) Albanesi D, Mansilla MC, de Mendoza D.
The membrane fluidity sensor DesK of *Bacillus subtilis* controls the signal decay of its cognate response regulator.
J Bacteriol. 2004, *186* : 2655-63.

(5) Altabe SG, Aguilar P, Caballero GM, de Mendoza D.
The *Bacillus subtilis* acyl lipid desaturase is a delta5 desaturase. J Bacteriol. 2003, *185* : 3228-31.

(6) Bakermans C, Ayala-del-Río HL, Ponder MA, Vishnivetskaya T, Gilichinsky D, Thomashow MF, Tiedje JM.
Psychrobacter cryohalolentis sp. nov. and *Psychrobacter arcticus* sp. nov., isolated from Siberian permafrost. Int J Syst Evol Microbiol. 2006, *56*(Pt 6) : 1285-91.

(7) Bakermans C, Skidmore ML.
Microbial metabolism in ice and brine at -5°C. Environ Microbiol. 2011, *13* : 2269-78.

(8) Baneyx F.
Keeping up with protein folding. Microb Cell Fact. 2004, *3* : 6.

(9) Barria C, Malecki M, Arraiano CM.
Bacterial adaptation to cold. Microbiology. 2013, 159(Pt 12) : 2437-43.

(10) Beranová J, Jemioła-Rzemińska M, Elhottová D, Strzałka K, Konopásek I.
Metabolic control of the membrane fluidity in *Bacillus subtilis* during cold adaptation. Biochim Biophys Acta. 2008, *1778* : 445-53.

(11) Berger F, Morellet N, Menu F, Potier P.
Cold shock and cold acclimation proteins in the psychrotrophic bacterium *Arthrobacter globiformis* SI55. J Bacteriol. 1996, *178* : 2999-3007.

(12) Bidle KD, Lee S, Marchant DR, Falkowski PG.
Fossil genes and microbes in the oldest ice on earth. Proc Natl Acad Sci U S A. 2007, *104* : 13455-60.

(13) Bisht SC, Joshi GK, Mishra PK.
CspA encodes a major cold shock protein in Himalayan psychrotolerant Pseudomonas strains. Interdiscip Sci. 2014, 6 : 140-8.

(14) Blattner FR, Plunkett G 3rd, Bloch CA, Perna NT, Burland V, Riley M, Collado-Vides J, Glasner JD, Rode CK, Mayhew GF, Gregor J, Davis NW, Kirkpatrick HA, Goeden MA, Rose DJ, Mau B, Shao Y.
The complete genome sequence of *Escherichia coli* K-12. Science. 1997, *277* : 1453-62.

(15) Calhoun LN, Kwon YM.
Structure, function and regulation of the DNA-binding protein Dps and its role in acid and oxidative stress resistance in *Escherichia coli*: a review. J Appl Microbiol. 2011, *110* : 375-86.

(16) Campanaro S, Vezzi A, Vitulo N, Lauro FM, D'Angelo M, Simonato F, Cestaro A, Malacrida G, Bertoloni G, Valle G, Bartlett DH.
Laterally transferred elements and high pressure adaptation in *Photobacterium profundum* strains. Laterally transferred elements and high pressure adaptation in *Photobacterium profundum* strains. BMC Genomics. 2005, *6* : 122.

(17) Casanueva A, Tuffin M, Cary C, Cowan DA.
Molecular adaptations to psychrophily: the impact of 'omic' technologies. Trends Microbiol. 2010, *18* : 374-81.

(18) Cayley S, Record MT Jr.
Roles of cytoplasmic osmolytes, water, and crowding in the response of *Escherichia coli* to osmotic stress: biophysical basis of osmoprotection by glycine betaine. Biochemistry. 2003, *42* : 12596-609.

(19) Celik Y, Drori R, Pertaya-Braun N, Altan A, Barton T, Bar-Dolev M, Groisman A, Davies PL, Braslavsky I.
Microfluidic experiments reveal that antifreeze proteins bound to ice crystals suffice to prevent their growth. Proc Natl Acad Sci U S A. 2013, *110* : 1309-14.

(20) Chattopahdyay MK. Cold-adaptation of Antarctic microorganisms – possible involvement of viable but nonculturable state. Polar Biol. 2000, *23* : 223–224.

(21) Chen Z, Yu H, Li L, Hu S, Dong X.
The genome and transcriptome of a newly described psychrophilic archaeon, *Methanolobus psychrophilus* R15, reveal its cold adaptive characteristics. Environ Microbiol Rep. 2012, *4* : 633-41.

(22) Chintalapati S, Kiran MD, Shivaji S.
Role of membrane lipid fatty acids in cold adaptation. Cell Mol Biol. 2004, *50* : 631-42.

(23) Cleland D, Krader P, McCree C, Tang J, Emerson D.
Glycine betaine as a cryoprotectant for prokaryotes. J Microbiol Methods. 2004, *58* : 31-8.

(24) Collins RE, Deming JW.
An inter-order horizontal gene transfer event enables the catabolism of compatible solutes by *Colwellia psychrerythraea* 34H. Extremophiles. 2013, *17* : 601-10.

(25) Cordin O, Banroques J, Tanner NK, Linder P.
The DEAD-box protein family of RNA helicases. Gene. 2006, *367* : 17-37.

(26) Corsaro MM, Pieretti G, Lindner B, Lanzetta R, Parrilli E, Tutino ML, Parrilli M.
Highly phosphorylated core oligosaccharide structures from cold-adapted *Psychromonas arctica*. Chemistry. 2008, *14* : 9368-76.

(27) D'Amico S, Collins T, Marx JC, Feller G, Gerday C.
Psychrophilic microorganisms: challenges for life. EMBO Rep. 2006, *7* : 385-9.

(28) De Lay N, Schu DJ, Gottesman S.
Bacterial small RNA-based negative regulation: Hfq and its accomplices. J Biol Chem. 2013, *288* : 7996-8003.

(29) De Martino M, Ershov D, van den Berg PJ, Tans SJ, Meyer AS.
Single-cell analysis of the Dps response to oxidative stress. J Bacteriol. 2016, *198* : 1662-74.

(30) Doran PT, Dana G, Hastings JT, Wharton RA .
The McMurdo LTER Automatic Weather Network (LAWN). Antarctic J U S. 1995, *30* : 276-80.

(31) Drori R, Celik Y, Davies PL, Braslavsky I.
Ice-binding proteins that accumulate on different ice crystal planes produce distinct thermal hysteresis dynamics. J R Soc Interface. 2014, *11* : 20140526.

(32) Dutta C, Pan A.
Horizontal gene transfer and bacterial diversity. J Biosci. 2002, *27* : 27-33.

(33) Eriksson S, Hurme R, Rhen M.
Low-temperature sensors in bacteria. Philos Trans R Soc Lond B Biol Sci. 2002, *357* : 887-93.

(34) Ewert M, Deming JW.
Sea ice microorganisms: environmental constraints and extracellular responses. Biology (Basel). 2013, *2* : 603-28.

(35) Feng W, Tejero R, Zimmerman DE, Inouye M, Montelione GT.
Solution NMR structure and backbone dynamics of the major cold-shock protein (CspA) from *Escherichia coli*: evidence for conformational dynamics in the single-stranded RNA-binding site. Biochemistry. 1998, *37* : 10881-96.

(36) Ferrer M, Lünsdorf H, Chernikova TN, Yakimov M, Timmis KN, Golyshin PN.
Functional consequences of single:double ring transitions in chaperonins: life in the cold. Mol Microbiol. 2004, *53* : 167-82.

(37) Fujii DK, Fulco AJ.
Biosynthesis of unsaturated fatty acids by bacilli. Hyperinduction and modulation of desaturase synthesis. J Biol Chem. 1977, *252* : 3660-70.

(38) Gao S, Peng D, Zhang W, Muszyński A, Carlson RW, Gu XX.
Identification of two late acyltransferase genes responsible for lipid A biosynthesis in *Moraxella catarrhalis*. FEBS J. 2008, *275* : 5201-14.

(39) Garcia-Vallvé S, Romeu A, Palau J.
Horizontal gene transfer in bacterial and archaeal complete genomes. Genome Res. 2000, *10* : 1719-25.

(40) Garwin JL, Cronan JE Jr.
Thermal modulation of fatty acid synthesis in *Escherichia coli* does not involve de novo enzyme synthesis. J Bacteriol. 1980, *141* : 1457-9.

(41) Gelmann EP, Cronan JE Jr.
Mutant of *Escherichia coli* deficient in the synthesis of cis-vaccenic acid. J Bacteriol. 1972, *112* : 381-7.

(42) Gennaris A, Ezraty B, Henry C, Agrebi R, Vergnes A, Oheix E, Bos J, Leverrier P, Espinosa L, Szewczyk J, Vertommen D, Iranzo O, Collet JF, Barras F.
Repairing oxidized proteins in the bacterial envelope using respiratory chain electrons. Nature. 2015, *528* : 409-12.

(43) Giuliodori AM, Di Pietro F, Marzi S, Masquida B, Wagner R, Romby P, Gualerzi CO, Pon CL.
The cspA mRNA is a thermosensor that modulates translation of the cold-shock protein CspA. Mol Cell. 2010, *37* : 21-33.

(44) Godin-Roulling A, Schmidpeter PA, Schmid FX, Feller G.
Functional adaptations of the bacterial chaperone trigger factor to extreme environmental temperatures. Environ Microbiol. 2015, *17* : 2407-20.

(45) Goldstein J, Pollitt NS, Inouye M.
Major cold shock protein of *Escherichia coli.* Proc Natl Acad Sci U S A. 1990, *87* : 283-7.

(46) Gupta S, Rao AR, Varadwaj PK, De S, Mohapatra T.
Extrapolation of Inter Domain Communications and Substrate Binding Cavity of Camel HSP70 1A: A Molecular Modeling and Dynamics Simulation Study. PLoS One. 2015, *10* : e0136630.

(47) Hackel C, Zinkevich T, Belton P, Achilles A, Reichert D, Krushelnitsky A.
The trehalose coating effect on the internal protein dynamics. Phys Chem Chem Phys. 2012, *14* : 2727-34.

(48) Haikarainen T, Papageorgiou AC.
Dps-like proteins: structural and functional insights into a versatile protein family. Cell Mol Life Sci. 2010, *67* : 341-51.

(49) Hall A, Nelson K, Poole LB, Karplus PA.
Structure-based insights into the catalytic power and conformational dexterity of peroxiredoxins. Antioxid Redox Signal. 2011, *15* : 795-815.

(50) Hankins JS, Denroche H, Mackie GA.
Interactions of the RNA-binding protein Hfq with cspA mRNA, encoding the major cold shock protein. J Bacteriol. 2010, *192* : 2482-90.

(51) Hartl FU, Hayer-Hartl M.
Molecular chaperones in the cytosol: from nascent chain to folded protein. Science. 2002, *295* : 1852-8.

(52) Hashimoto M, Orikasa Y, Hayashi H, Watanabe K, Yoshida K, Okuyama H
Occurrence of trans monounsaturated and polyunsaturated fatty acids in *Colwellia psychrerythraea* strain 34H. J Basic Microbiol. 2015, *55* : 838-45.

(53) Hebraud M, Dubois E, Potier P, Labadie J.
Effect of growth temperatures on the protein levels in a psychrotrophic bacterium, *Pseudomonas fragi.* J Bacteriol. 1994, *176* : 4017-24.

(54) Hebraud M, Potier P.
Cold shock response and low temperature adaptation in psychrotrophic bacteria. J Mol Microbiol Biotechnol. 1999, *1* : 211-9.

(55) Hemmingsen SM, Woolford C, van der Vies SM, Tilly K, Dennis DT, Georgopoulos CP, Hendrix RW, Ellis RJ.
Homologous plant and bacterial proteins chaperone oligomeric protein assembly. Nature. 1988, *333* : 330-4.

(56) Horn G, Hofweber R, Kremer W, Kalbitzer HR.
Structure and function of bacterial cold shock proteins. Cell Mol Life Sci. 2007, *64* : 1457-70.

(57) Ivanova N, Sikorski J, Chertkov O, Nolan M, Lucas S, Hammon N, Deshpande S, Cheng JF, Tapia R, Han C, Goodwin L, Pitluck S, Huntemann M, Liolios K, Pagani I, Mavromatis K, Ovchinikova G, Pati A, Chen A, Palaniappan K, Land M, Hauser L, Brambilla EM, Kannan KP, Rohde M, Tindall BJ, Göker M, Detter JC, Woyke T, Bristow J, Eisen JA, Markowitz V, Hugenholtz P, Kyrpides NC, Klenk HP, Lapidus A.
Complete genome sequence of the extremely halophilic *Halanaerobium praevalens* type strain (GSL). Stand Genomic Sci. 2011, *4* : 312-21.

(58) Jacob F, Monod J.
Genetic regulatory mechanisms in the synthesis of proteins. J Mol Biol. 1961, *3* : 318-56.

(59) Jagannadham MV, Chattopadhyay MK, Subbalakshmi C, Vairamani M, Narayanan K, Rao CM, Shivaji S.
Carotenoids of an Antarctic psychrotolerant bacterium, *Sphingobacterium antarcticus*, and a mesophilic bacterium, *Sphingobacterium multivorum*. Arch Microbiol. 2000, *173* : 418-24.

(60) Jiang W, Hou Y, Inouye M.
CspA, the major cold-shock protein of *Escherichia coli*, is an RNA chaperone. J Biol Chem. 1997, *272* : 196-202.

(61) Johnson SS, Hebsgaard MB, Christensen TR, Mastepanov M, Nielsen R, Munch K, Brand T, Gilbert MT, Zuber MT, Bunce M, et al.
Ancient bacteria show evidence of DNA repair. Proc Natl Acad Sci USA. 2007, *104* :14401-05.

(62) Jones PG, VanBogelen RA, Neidhardt FC.
Induction of proteins in response to low temperature in *Escherichia coli*. J Bacteriol. 1987, 16 : 2092-95.

(63) Kandror O, DeLeon A, Goldberg AL.
Trehalose synthesis is induced upon exposure of *Escherichia coli* to cold and is essential for viability at low temperatures. Proc Natl Acad Sci U S A. 2002, *99* : 9727-32.

(64) Kaneda T.
Iso- and anteiso-fatty acids in bacteria: biosynthesis, function, and taxonomic significance. Microbiol Rev. 1991, *55* : 288-302.

(65) Karas VO, Westerlaken I, Meyer AS.
The DNA-Binding Protein from Starved Cells (Dps) Utilizes Dual Functions To Defend Cells against Multiple Stresses. J Bacteriol. 2015, *197* : 3206-15.

(66) Kawahara H.
The structures and functions of ice crystal-controlling proteins from bacteria. J Biosci Bioeng. 2002, *94* : 492-6.

(67) Kawasaki K1, Nogi Y, Hishinuma M, Nodasaka Y, Matsuyama H, Yumoto I.
Psychromonas marina sp. nov., a novel halophilic, facultatively psychrophilic bacterium isolated from the coast of the Okhotsk Sea. Int J Syst Evol Microbiol. 2002, 52(Pt 5) : 1455-9.

(68) Kennedy SP, Ng WV, Salzberg SL, Hood L, DasSarma S.
Understanding the adaptation of *Halobacterium* species NRC-1 to its extreme environment through computational analysis of its genome sequence. Genome Res. 2001, *11* : 1641-50.

(69) Kobori H, Sullivan CW, Shizuya H.
Bacterial plasmids in antarctic natural microbial assemblages. Appl Environ Microbiol. 1984, *48* : 515-8.

(70) Kortmann J, Narberhaus F.
Bacterial RNA thermometers: molecular zippers and switches. Nat Rev Microbiol. 2012, *10* : 255-65.

(71) Laskey RA, Honda BM, Mills AD, Finch JT.
Nucleosomes are assembled by an acidic protein which binds histones and transfers them to DNA. Nature. 1978, *275* : 416-20.

(72) Lauro FM, Tran K, Vezzi A, Vitulo N, Valle G, Bartlett DH.
Large-scale transposon mutagenesis of *Photobacterium profundum* SS9 reveals new genetic loci important for growth at low temperature and high pressure. J Bacteriol. 2008, *190* : 1699-709.

(73) Lawrence JG, Ochman H.
Molecular archaeology of the *Escherichia coli* genome. Proc Natl Acad Sci U S A. 1998, *95* : 9413-7.

(74) Li J, Qi L, Guo Y, Yue L, Li Y, Ge W, Wu J, Shi W, Dong X.
Global mapping transcriptional start sites revealed both transcriptional and post-transcriptional regulation of cold adaptation in the methanogenic archaeon *Methanolobus psychrophilus.* Sci Rep. 2015, *5* : 9209.

(75) Lim J, Thomas T, Cavicchioli R.
Low temperature regulated DEAD-box RNA helicase from the Antarctic archaeon, *Methanococcoides burtonii*. J Mol Biol. 2000, *297* : 553-67.

(76) Liu SB, Chen XL, He HL, Zhang XY, Xie BB, Yu Y, Chen B, Zhou BC, Zhang YZ.
Structure and ecological roles of a novel exopolysaccharide from the arctic sea ice bacterium *Pseudoalteromonas* sp. Strain SM20310. Appl Environ Microbiol. 2013, *79* : 224-30.

(77) Martín M, de Mendoza D.
Regulation of *Bacillus subtilis* DesK thermosensor by lipids. Biochem J. 2013, *451* : 269-75.

(78) Math RK, Jin HM, Kim JM, Hahn Y, Park W, Madsen EL, Jeon CO.
Comparative genomics reveals adaptation by *Alteromonas* sp. SN2 to marine tidal-flat conditions: cold tolerance and aromatic hydrocarbon metabolism. PLoS One. 2012, *7* : e35784.

(79) McCallum KL, Heikkila JJ, Inniss WE.
Temperature-dependent pattern of heat shock protein synthesis in psychrophilic and psychrotrophic microorganisms. Rev Canad Microbiologie. 1986, *32* : 516-21.

(80) McClintock B.
The origin and behavior of mutable loci in maize. Proc Natl Acad Sci U S A. 1950, *36* : 344-55.

(81) McClintock B.- Biographical. *Nobelprize.org*. Nobel Media AB 2014.

(82) Médigue C, Krin E, Pascal G, Barbe V, Bernsel A, Bertin PN, Cheung F, Cruveiller S, D'Amico S, Duilio A, Fang G, Feller G, Ho C, Mangenot S, Marino G, Nilsson J, Parrilli E, Rocha EP, Rouy Z, Sekowska A, Tutino ML, Vallenet D, von Heijne G, Danchin A.
Coping with cold: the genome of the versatile marine Antarctica bacterium *Pseudoalteromonas haloplanktis* TAC125. Genome Res. 2005. *15* : 1325-35.

(83) Methé BA, Nelson KE, Deming JW, Momen B, Melamud E, Zhang X, Moult J, Madupu R, Nelson WC, Dodson RJ, Brinkac LM, Daugherty SC, Durkin AS, DeBoy RT, Kolonay JF, Sullivan SA, Zhou L, Davidsen TM, Wu M, Huston AL, Lewis M, Weaver B, Weidman JF, Khouri H, Utterback TR, Feldblyum TV, Fraser CM.
The psychrophilic lifestyle as revealed by the genome sequence of *Colwellia psychrerythraea* 34H through genomic and proteomic analyses. Proc Natl Acad Sci USA. 2005, *102* : 10,913–18.

(84) Metpally RP, Reddy BV.
Comparative proteome analysis of psychrophilic versus mesophilic bacterial species: Insights into the molecular basis of cold adaptation of proteins. BMC Genomics. 2009, *10* : 11.

(85) Mitta M, Fang L, Inouye M.
Deletion analysis of cspA of *Escherichia coli*: requirement of the AT-rich UP element for cspA transcription and the downstream box in the coding region for its cold shock induction.
Mol Microbiol. 1997, *26* : 321-35.

(86) Mizushima T, Kataoka K, Ogata Y, Inoue R, Sekimizu K.
Increase in negative supercoiling of plasmid DNA in *Escherichia coli* exposed to cold shock.
Mol Microbiol. 1997, *23* : 381-6.

(87) Monod J.
Diauxie et respiration au cours de la croissance des cultures de *B. coli. Annales de l'Institut Pasteur*, 1942, *68* : 548-550.

(88) Moore EB[1], Molinero V.
Structural transformation in supercooled water controls the crystallization rate of ice. Nature. 2011, *479* : 506-8.

(89) Morita RY.
Psychrophilic bacteria. Bacteriol Rev. 1975, *39* : 144-67.

(90) Mykytczuk NC, Foote SJ, Omelon CR, Southam G, Greer CW, Whyte LG.
Bacterial growth at -15 °C; molecular insights from the permafrost bacterium *Planococcus halocryophilus* Or1. ISME J. 2013, *7* : 1211-26.

(91) Newkirk K, Feng W, Jiang W, Tejero R, Emerson SD, Inouye M, Montelione GT.
Solution NMR structure of the major cold shock protein (CspA) from *Escherichia coli*: identification of a binding epitope for DNA. Proc Natl Acad Sci U S A. 1994, *91* : 5114-8.

(92) Nichols CA, Guezennec J, Bowman JP.
Bacterial exopolysaccharides from extreme marine environments with special consideration of the southern ocean, sea ice, and deep-sea hydrothermal vents: a review. Mar Biotechnol (NY). 2005, *7* : 253-71.

(93) Oren A.
Life at high salt concentrations, intracellular KCl concentrations, and acidic proteomes. Front Microbiol. 2013, *4* : 315.

(94) Phadtare S.
Recent developments in bacterial cold-shock response. Curr Issues Mol Biol. 2004, *6* : 125-36.

(95) Phadtare S, Inouye M. The Cold Shock Response. EcoSal Plus. 2008, *3*(1).

(96) Piette F, D'Amico S, Struvay C, Mazzucchelli G, Renaut J, Tutino ML, Danchin A, Leprince P, Feller G.
Proteomics of life at low temperatures: trigger factor is the primary chaperone in the Antarctic bacterium *Pseudoalteromonas haloplanktis* TAC125. Mol Microbiol. 2010, *76* : 120-32.

(97) Piette F, D'Amico S, Mazzucchelli G, Danchin A, Leprince P, Feller G.
Life in the cold: a proteomic study of cold-repressed proteins in the antarctic bacterium *Pseudoalteromonas haloplanktis* TAC125. Appl Environ Microbiol. 2011, *77* : 3881-3.

(98) Piette F, Leprince P, Feller G.
Is there a cold shock response in the Antarctic psychrophile *Pseudoalteromonas haloplanktis*? Extremophiles. 2012, *16* : 681-3.

(99) Pinto D, Santos MA, Chambel L.
Thirty years of viable but nonculturable state research: unsolved molecular mechanisms. Crit Rev Microbiol. 2015, *41* : 61-76.

(100) Polz MF, Alm EJ, Hanage WP.
Horizontal gene transfer and the evolution of bacterial and archaeal population structure. Trends Genet. 2013, *29* : 170-5.

(101) Popa O, Hazkani-Covo E, Landan G, Martin W, Dagan T.
Directed networks reveal genomic barriers and DNA repair bypasses to lateral gene transfer among prokaryotes. Genome Res. 2011, *21* : 599-609.

(102) Qin G, Zhu L, Chen X, Wang PG, Zhang Y.
Structural characterization and ecological roles of a novel exopolysaccharide from the deep-sea psychrotolerant bacterium *Pseudoalteromonas* sp. SM9913. Microbiology. 2007, *153*(Pt 5) : 1566-72.

(103) Qin J, Li R, Raes J, Arumugam M, Burgdorf KS, Manichanh C, Nielsen T, Pons N, Levenez F, Yamada T, Mende DR, Li J, Xu J, Li S, Li D, Cao J, Wang B, Liang H, Zheng H, Xie Y, Tap J, Lepage P, Bertalan M, Batto JM, Hansen T, Le Paslier D, Linneberg A, Nielsen HB, Pelletier E, Renault P, Sicheritz-Ponten T, Turner K, Zhu H, Yu C, Li S, Jian M, Zhou Y, Li Y, Zhang X, Li S, Qin N, Yang H, Wang J, Brunak S, Doré J, Guarner F, Kristiansen K, Pedersen O, Parkhill J, Weissenbach J; MetaHIT Consortium, Bork P, Ehrlich SD, Wang J.
A human gut microbial gene catalogue established by metagenomic sequencing. Nature. 2010, 464 : 59-65.

(104) Raymond JA, DeVries AL.
Adsorption inhibition as a mechanism of freezing resistance in polar fishes. Proc Natl Acad Sci U S A. 1977, *74* : 2589-93

(105) Raymond JA, Christner BC, Schuster SC.
A bacterial ice-binding protein from the Vostok ice core. Extremophiles. 2008, *12* : 713-7.

(106) Rice CV, Middaugh A, Wickham JR, Friedline A, Thomas KJ 3rd, Scull E, Johnson K, Zachariah M, Garimella R.
Bacterial lipoteichoic acid enhances cryosurvival. Extremophiles. 2015, *19* : 297-305.

(107) Riley M, Staley JT, Danchin A, Wang TZ, Brettin TS, Hauser LJ, Land ML, Thompson LS.
Genomics of an extreme psychrophile, *Psychromonas ingrahamii.* BMC Genomics. 2008, *9* : 210.

(108) Rivkina EM, Friedmann EI, McKay CP, Gilichinsky DA.
Metabolic activity of permafrost bacteria below the freezing point. Appl Environ Microbiol. 2000, *66* : 3230-3.

(109) Rodrigues DF, Ivanova N, He Z, Huebner M, Zhou J, Tiedje JM.
Architecture of thermal adaptation in an Exiguobacterium sibiricum strain isolated from 3 million year old permafrost: a genome and transcriptome approach. BMC Genomics. 2008, *9* : 547.

(110) Rudan M, Schneider D, Warnecke T, Krisko A.
RNA chaperones buffer deleterious mutations in *E. coli*. Elife. 2015, *4*, e04745.

(111) Salamatin AN, Tsyganova E, Lipenkov V, Petit JR
Vostok (Antarctica) ice-core time-scale from datings of different origins. Annals Glaciol 2004, *39* : 283–292.

(112) Semrad K.
Proteins with RNA chaperone activity: a world of diverse proteins with a common task-impediment of RNA misfolding. Biochem Res Int. 2011 ; 2011 : 532908.

(113) Sharp PM, Li WH.
Codon usage in regulatory genes in *Escherichia coli* does not reflect selection for 'rare' codons. Nucleic Acids Res. 1986, *14* : 7737-49.

(114) Sharp PM, Li WH.
The codon Adaptation Index--a measure of directional synonymous codon usage bias, and its potential applications. Nucleic Acids Res. 1987, *15* : 1281-95.

(115) Singh AK, Zhang YM, Zhu K, Subramanian C, Li Z, Jayaswal RK, Gatto C, Rock CO, Wilkinson BJ.
FabH selectivity for anteiso branched-chain fatty acid precursors in low-temperature adaptation in *Listeria monocytogenes*. FEMS Microbiol Lett. 2009, *301* : 188-92.

(116) Snyder L, Champness W. Molecular genetis of bacteria. ASM Press, Washington D.C. 1997, 503 p.

(117) Sorek R, Kunin V, Hugenholtz P.
CRISPR--a widespread system that provides acquired resistance against phages in bacteria and archaea. Nat Rev Microbiol. 2008, *6* : 181-6.

(118) Stock JB, Ninfa AJ, Stock AM.
Protein phosphorylation and regulation of adaptive responses in bacteria. Microbiol Rev. 1989, *53* : 450-90.

(119) Sweet CR, Alpuche GM, Landis CA, Sandman BC.
Endotoxin structures in the psychrophiles *Psychromonas marina* and *Psychrobacter cryohalolentis* contain distinctive acyl features. Mar Drugs. 2014, *12* : 4126-47.

(120) Tosco A, Birolo L, Madonna S, Lolli G, Sannia G, Marino G.
GroEL from the psychrophilic bacterium *Pseudoalteromonas haloplanktis* TAC 125: molecular characterization and gene cloning. Extremophiles. 2003, *7* : 17-28.

(121) Valentin-Hansen P, Eriksen M, Udesen C.
The bacterial Sm-like protein Hfq: a key player in RNA transactions. Mol Microbiol. 2004, *51*: 1525-33.

(122) Wang JY, Syvanen M.
DNA twist as a transcriptional sensor for environmental changes. Mol Microbiol. 1992, *6* : 1861-6.

(123) Wang C, Sang J, Wang J, Su M, Downey JS, Wu Q, Wang S, Cai Y, Xu X, Wu J, Senadheera DB, Cvitkovitch DG, Chen L, Goodman SD, Han A.
Mechanistic insights revealed by the crystal structure of a histidine kinase with signal transducer and sensor domains. PLoS Biol. 2013, *11*:e1001493.

(124) Wood JM.
Bacterial responses to osmotic challenges. J Gen Physiol. 2015, *145* : 381-8.

(125) Xu Y, Nogi Y, Kato C, Liang Z, Rüger HJ, De Kegel D, Glansdorff N.
Moritella profunda sp. nov. and *Moritella abyssi* sp. nov., two psychropiezophilic organisms isolated from deep Atlantic sediments. Int J Syst Evol Microbiol. 2003, *53*(Pt 2) : 533-8.

(126) Yamanaka K, Mitta M, Inouye M.
Mutation analysis of the 5' untranslated region of the cold shock cspA mRNA of *Escherichia coli.* J Bacteriol. 1999, *181* : 6284-91.

(127) Yamauchi S, Ueda Y, Matsumoto M, Inoue U, Hayashi H.
Distinct features of protein folding by the GroEL system from a psychrophilic bacterium, *Colwellia psychrerythraea* 34H. Extremophiles. 2012, *16* : 871-82.

(128) Yayanos AA, Dietz AS, VAN Boxtel R.
Isolation of a deep-sea barophilic bacterium and some of its growth characteristics. Science. 1979, *205* : 808-10.

(129) Zhang YM, Rock CO.
Membrane lipid homeostasis in bacteria. Nat Rev Microbiol. 2008, *6* : 222-33.

(130) Ziolkowska K, Derreumaux P, Folichon M, Pellegrini O, Régnier P, Boni IV, Hajnsdorf E.
Hfq variant with altered RNA binding functions. Nucleic Acids Res. 2006, *34* : 709-20.

IV- Les enzymes actives à basse température

(1) Biot JB.
Sur un caractère optique à l'aide duquel on reconnaît immédiatement les sucs végétaux qui peuvent donner du sucre analogue au sucre de cannes et ceux qui ne peuvent donner que du sucre semblable au sucre de raisin. Ann Chim Phys. 1833, *52* : 58-72.

(2) Borders CL Jr, Broadwater JA, Bekeny PA, Salmon JE, Lee AS, Eldridge AM, Pett VB.
A structural role for arginine in proteins: multiple hydrogen bonds to backbone carbonyl oxygens. Protein Sci. 1994, *3* : 541-8.

(3) Chandana T, Venkatesh YP.
Occurrence, Functions and Biological Significance of Arginine-Rich Proteins. Curr Protein Pept Sci. 2016, *17* : 507-16.

(4) Cipolla A, Delbrassine F, Da Lage JL, Feller G.
Temperature adaptations in psychrophilic, mesophilic and thermophilic chloride-dependent alpha-amylases. Biochimie. 2012, *94* :1943-50.

(5) CNRS-Le risque chimique. bip.cnrs-mrs.fr/acmo/node5.html

(6) Collectif. Journal de la France et des Français. Quarto Gallimard. Gallimard *ed.* Paris. 2001, 2.407 p.

(7) Cooke DA, Scott RK eds. The sugar beet crop : Science into practice. Chapman and Hall, World Crop Series, London, 1993, 675 p.

(8) Craveur P, Joseph AP, Poulain P, de Brevern AG, Rebehmed J.
Cis-trans isomerization of omega dihedrals in proteins. Amino Acids. 2013, *45* : 279-89.

(9) D'Amico S, Marx JC, Gerday C, Feller G.
Activity-stability relationships in extremophilic enzymes. J Biol Chem. 2003, *278* : 7891-6.

(10) Dassarma S, Capes MD, Karan R, Dassarma P.
Amino acid substitutions in cold-adapted proteins from *Halorubrum lacusprofundi*, an extremely halophilic microbe from antarctica. PLoS One. 2013, *8* : e58587.

(11) Deichmann U, Müller-Hill B.
The fraud of Abderhalden's enzymes. Nature. 1998, *393* : 109-11.

(12) De Maayer P, Anderson D, Cary C, Cowan DA.
Some like it cold: understanding the survival strategies of psychrophiles. EMBO Rep. 2014, *15* : 508-17.

(13) Empereur JY. La nécropole de Gabbari à Alexandrie. C.R. Séances Acad Inscriptions et Belles Lettres. 1998, *142* : 155-62.

(14) Feller G, Gerday C.
Psychrophilic enzymes: molecular basis of cold adaptation. Cell Mol Life Sci. 1997, *53* : 830-41.

(15) Feller G, Gerday C.
Psychrophilic enzymes: hot topics in cold adaptation. Nat Rev Microbiol. 2003, *1* : 200-8.

(16) Feller G.
Psychrophilic enzymes: from folding to function and biotechnology. Scientifica (Cairo). 2013, Article ID 512840.

(17) Gal J.
The discovery of biological enantioselectivity: Louis Pasteur and the fermentation of tartaric acid, 1857--a review and analysis 150 yr later. Chirality. 2008, *20* : 5-19.

(18) Goldberg RN, Tewari YB, Ahluwalia JC.
Thermodynamics of the hydrolysis of sucrose. J Biol Chem. 1989, *264* : 9901-4.

(19) Guide Gallimard. La France des gares. Gallimard *ed*. Paris, 2000, 260 p.

(19a) Janin J.
For Guldberg and Waage, with love and cratic entropy. Proteins. 1996, *24* : i-ii.

(20) Kandror O, Goldberg AL.
Trigger factor is induced upon cold shock and enhances viability of *Escherichia coli* at low temperatures. Proc Natl Acad Sci U S A. 1997, *94* : 4978-81.

(21) Lapparent A de. Jean-Baptiste Biot (1774 – 1862). Livre du centenaire de l'Ecole Polytechnique (1897). Société des Amis de la Bibliothèque et de l'Histoire de l'Ecole Polytechnique. Palaiseau.

(22) Lonhienne T, Gerday C, Feller G.
Psychrophilic enzymes: revisiting the thermodynamic parameters of activation may explain local flexibility. Biochim Biophys Acta. 2000, *1543* : 1-10.

(23) Matthews BW, Nicholson H, Becktel WJ.
Enhanced protein thermostability from site-directed mutations that decrease the entropy of unfolding. Proc Natl Acad Sci U S A. 1987, *84* : 6663-7.

(24) Michaelis L, Menten ML.
Die Kinetik der Invertinwirkung. Biochemische Zeitschrift. 1913, *49* : 333-69.

(25) More N, Daniel RM, Petach HH.
The effect of low temperatures on enzyme activity. Biochem J. 1995, *305* : 17-20.

(26) Mrabet NT, Van den Broeck A, Van den brande I, Stanssens P, Laroche Y, Lambeir AM, Matthijssens G, Jenkins J, Chiadmi M, van Tilbeurgh H, *et al.*
Arginine residues as stabilizing elements in proteins. Biochemistry. 1992, *31* : 2239-53.

(27) Nagy PI, Erhardt PW.
Theoretical studies of salt-bridge formation by amino acid side chains in low and medium polarity environments. J Phys Chem B. 2010, *114* : 16436-42.

(28) Ostwald W.
Die inversion des Rohrzuckers (I). J Prakt Chem. 1884, *29*, 385 – 408.

(29) Pennington NL, Baker CW eds. Sugar : a user's guide to sucrose. Avibook, Springer *ed* New York, 1990, 331p.

(30) Piette F, D'Amico S, Struvay C, Mazzucchelli G, Renaut J, Tutino ML, Danchin A, Leprince P, Feller G.
Proteomics of life at low temperatures: trigger factor is the primary chaperone in the Antarctic bacterium *Pseudoalteromonas haloplanktis* TAC125. Mol Microbiol. 2010, *76* :120-32.

(31) Piette F, D'Amico S, Mazzucchelli G, Danchin A, Leprince P, Feller G.
Life in the cold: a proteomic study of cold-repressed proteins in the antarctic bacterium *Pseudoalteromonas haloplanktis* TAC125. Appl Environ Microbiol. 2011, *77* : 3881-3.

(32) Qian M, Haser R, Buisson G, Duée E, Payan F.
The active center of a mammalian alpha-amylase. Structure of the complex of a pancreatic alpha-amylase with a carbohydrate inhibitor refined to 2.2-A resolution. Biochemistry. 1994, *33* : 6284-94.

(33) Rey A et coll. Dictionnaire historique de la langue française. Le Robert *ed*, Paris, 1992, 2.379 p.

(34) Saunders NF, Thomas T, Curmi PM, Mattick JS, Kuczek E, Slade R, Davis J, Franzmann PD, Boone D, Rusterholtz K, Feldman R, Gates C, Bench S, Sowers K, Kadner K, Aerts A, Dehal P, Detter C, Glavina T, Lucas S, Richardson P, Larimer F, Hauser L, Land M, Cavicchioli R.
Mechanisms of thermal adaptation revealed from the genomes of the Antarctic Archaea *Methanogenium frigidum* and *Methanococcoides burtonii*. Genome Res., 2003, *13* :1580-8.

(35) Siddiqui KS, Cavicchioli R.
Cold-adapted enzymes. Annu Rev Biochem. 2006, *75* : 403-33.

(36) Skálová T, Dohnálek J, Spiwok V, Lipovová P, Vondrácková E, Petroková H, Dusková J, Strnad H, Králová B, Hasek J.
Cold-active beta-galactosidase from Arthrobacter sp. C2-2 forms compact 660 kDa hexamers: crystal structure at 1.9A resolution. J Mol Biol. 2005, *353* : 282-94.

(37) Sokalingam S, Raghunathan G, Soundrarajan N, Lee SG.
A study on the effect of surface lysine to arginine mutagenesis on protein stability and structure using green fluorescent protein. PLoS One. 2012, *7* : e40410.

(38) Struvay C, Feller G.
Optimization to low temperature activity in psychrophilic enzymes. Int J Mol Sci. 2012, *13* : 11643-65.

(39) Szymczak FX. Une émission, datant du 24 février 2015, de France Musique a été consacrée aux musiques du 19ème siècle, fêtant le chemin de fer.

(40) Tallet P. Une boisson destinée aux élites : le vin en Égypte ancienne. *in*: Pratiques et discours alimentaires en Méditerranée de l'Antiquité à la Renaissance. Actes du 18ème colloque de la Villa Kérylos à Beaulieu-sur-Mer les 4, 5 & 6 octobre 2007. Paris : Académie des Inscriptions et Belles-Lettres, 2008. p. 39-51. (*Cahiers de la Villa Kérylos*, 19).

(41) Watanabe K, Kitamura K, Suzuki Y.
Analysis of the critical sites for protein thermostabilization by proline substitution in oligo-1,6-glucosidase from *Bacillus coagulans* ATCC 7050 and the evolutionary consideration of proline residues. Appl Environ Microbiol. 1996, *62* : 2066-73.

(42) Wedemeyer WJ, Welker E, Scheraga HA.
Proline *cis-trans* isomerization and protein folding. Biochemistry. 2002, *41* : 14637-44.

(43) Zwanzig R, Szabo A, Bagchi B.
Levinthal's paradox. Proc Natl Acad Sci U S A. 1992, *89* : 20-2.

V- Une bactérie psychrophile, *Pseudoalteromonas haloplanktis*

(1) Aghajari N, Feller G, Gerday C, Haser R.
Structural basis of alpha-amylase activation by chloride. Protein Sci. 2002, *11* : 1435-41.

(2) Bae E, Phillips GN Jr.
Structures and analysis of highly homologous psychrophilic, mesophilic, and thermophilic adenylate kinases. J Biol Chem. 2004, *279* : 28202-8.

(3) Boer PH, Hickey DA.
The alpha-amylase gene in *Drosophila melanogaster*: nucleotide sequence, gene structure and expression motifs. Nucleic Acids Res. 1986, *14* : 8399-411.

(4) Cavicchioli R, Charlton T, Ertan H, Mohd Omar S, Siddiqui KS, Williams TJ.
Biotechnological uses of enzymes from psychrophiles. Microb Biotechnol. 2011, *4* : 449-60.

(5) Cipolla A, Delbrassine F, Da Lage JL, Feller G.
Temperature adaptations in psychrophilic, mesophilic and thermophilic chloride-dependent alpha-amylases. Biochimie. 2012, *94* :1943-50.

(6) Clarkson MW, Lee AL.
Long-range dynamic effects of point mutations propagate through side chains in the serine protease inhibitor eglin c. Biochemistry. 2004, *43* : 12448-58.

(7) D'Amico S, Gerday C, Feller G.
Structural determinants of cold adaptation and stability in a large protein. J Biol Chem. 2001, *276* : 25791-6.

(8) D'Amico S, Marx JC, Gerday C, Feller G.
Activity-stability relationships in extremophilic enzymes. J Biol Chem. 2003, *278* : 7891-6.

(9) D'Amico S, Collins T, Marx JC, Feller G, Gerday C.
Psychrophilic microorganisms: challenges for life. EMBO Rep. 2006, *7* : 385-9

(10) Daniel RM, Dines M, Petach HH. The denaturation and degradation of stable enzymes at high temperatureS. Biochem J 1996, 317 (Pt 1) : 1-11.

(11) Dassarma S, Capes MD, Karan R, Dassarma P.
Amino acid substitutions in cold-adapted proteins from *Halorubrum lacusprofundi*, an extremely halophilic microbe from antarctica. PLoS One. 2013, *8* : e58587.

(12) De Maayer P, Anderson D, Cary C, Cowan DA.
Some like it cold: understanding the survival strategies of psychrophiles. EMBO Rep. 2014, *15* : 508-17.

(13) Feller G, Lonhienne T, Deroanne C, Libioulle C, Van Beeumen J, Gerday C.
Purification, characterization, and nucleotide sequence of the thermolabile alpha-amylase from the antarctic psychrotroph *Alteromonas haloplanctis* A23. J Biol Chem. 1992, *267* : 5217-21.

(14) Feller G, Payan F, Theys F, Qian M, Haser R, Gerday C.
Stability and structural analysis of alpha-amylase from the antarctic psychrophile *Alteromonas haloplanctis* A23. Eur J Biochem. 1994, *222* : 441-7.

(15) Feller G.
Life at low temperatures: is disorder the driving force?
Extremophiles. 2007, *11* :211-6.

(16) Feller G.
Protein stability and enzyme activity at extreme biological temperatures. J Phys Condens Matter. 2010, *22* : 323101.

(17) Feller G.
Psychrophilic enzymes: from folding to function and biotechnology. Scientifica (Cairo). 2013, Article ID 512840.

(18) Garsoux G, Lamotte J, Gerday C, Feller G.
Kinetic and structural optimization to catalysis at low temperatures in a psychrophilic cellulase from the Antarctic bacterium *Pseudoalteromonas haloplanktis*. Biochem J. 2004, *384* : 247-53.

(19) Gianese G, Bossa F, Pascarella S.
Comparative structural analysis of psychrophilic and meso- and thermophilic enzymes. Proteins. 2002, *47* : 236-49.

(20) Goldstein RA.
Amino-acid interactions in psychrophiles, mesophiles, thermophiles, and hyperthermophiles: insights from the quasi-chemical approximation. Protein Sci. 2007, *16* : 1887-95.

(21) Hoyoux A, Jennes I, Dubois P, Genicot S, Dubail F, François JM, Baise E, Feller G, Gerday C.
Cold-adapted beta-galactosidase from the Antarctic psychrophile *Pseudoalteromonas haloplanktis*. Appl Environ Microbiol. 2001, *67* : 1529-35.

(22) Johns GC, Somero GN.
Evolutionary convergence in adaptation of proteins to temperature: A4-lactate dehydrogenases of Pacific damselfishes (*Chromis* spp.). Mol Biol Evol 2004, *21* : 314–320

(23) Kumar S, Nussinov R.
Different roles of electrostatics in heat and in cold: adaptation by citrate synthase. Chembiochem. 2004, *5* : 280-90.

(24) Médigue C, Krin E, Pascal G, Barbe V, Bernsel A, Bertin PN, Cheung F, Cruveiller S, D'Amico S, Duilio A, Fang G, Feller G, Ho C, Mangenot S, Marino G, Nilsson J, Parrilli E, Rocha EP, Rouy Z, Sekowska A, Tutino ML, Vallenet D, von Heijne G, Danchin A.
Coping with cold: the genome of the versatile marine Antarctica bacterium *Pseudoalteromonas haloplanktis* TAC125. Genome Res. 2005, *15* : 1325-35.

(25) Merlino A, Russo Krauss I, Castellano I, De Vendittis E, Rossi B, Conte M, Vergara A, Sica F.
Structure and flexibility in cold-adapted iron superoxide dismutases: the case of the enzyme isolated from *Pseudoalteromonas haloplanktis*. J Struct Biol. 2010, *172* : 343-52.

(26) Papaleo E, Pasi M, Tiberti M, De Gioia L.
Molecular dynamics of mesophilic-like mutants of a cold-adapted enzyme: insights into distal effects induced by the mutations. PLoS One. 2011, *6* : e24214.

(27) Pasi M, Riccardi L, Fantucci P, De Gioia L, Papaleo E.
Dynamic properties of a psychrophilic alpha-amylase in comparison with a mesophilic homologue. J Phys Chem B. 2009, *113* : 13585-95.

(28) Piette F, D'Amico S, Struvay C, Mazzucchelli G, Renaut J, Tutino ML, Danchin A, Leprince P, Feller G.
Proteomics of life at low temperatures: trigger factor is the primary chaperone in the Antarctic bacterium *Pseudoalteromonas haloplanktis* TAC125. Mol Microbiol. 2010, *76* :120-32.

(29) Piette F, D'Amico S, Mazzucchelli G, Danchin A, Leprince P, Feller G.
Life in the cold: a proteomic study of cold-repressed proteins in the antarctic bacterium *Pseudoalteromonas haloplanktis* TAC125. Appl Environ Microbiol. 2011, *77* : 3881-3.

(30) Siddiqui KS, Poljak A, Guilhaus M, De Francisci D, Curmi PM, Feller G, D'Amico S, Gerday C, Uversky VN, Cavicchioli R.
Role of lysine versus arginine in enzyme cold-adaptation: modifying lysine to homo-arginine stabilizes the cold-adapted alpha-amylase from *Pseudoalteramonas haloplanktis*. Proteins. 2006, *64* : 486-501.

(31) Sigurdardóttir AG, Arnórsdóttir J, Thorbjarnardóttir SH, Eggertsson G, Suhre K, Kristjánsson MM.
Characteristics of mutants designed to incorporate a new ion pair into the structure of a cold adapted subtilisin-like serine proteinase. Biochim Biophys Acta. 2009, *1794* : 512-8.

(32) Sonan GK, Receveur-Brechot V, Duez C, Aghajari N, Czjzek M, Haser R, Gerday C.
The linker region plays a key role in the adaptation to cold of the cellulase from an Antarctic bacterium. Biochem J. 2007, *407* : 293-302.

(33) Srimathi S, Jayaraman G, Feller G, Danielsson B, Narayanan PR.
Intrinsic halotolerance of the psychrophilic alpha-amylase from *Pseudoalteromonas haloplanktis*. Extremophiles. 2007, *11* : 505-15.

(34) Struvay C, Feller G.
Optimization to low temperature activity in psychrophilic enzymes. Int J Mol Sci. 2012, *13* : 11643-65.

(35) Takkinen K, Pettersson RF, Kalkkinen N, Palva I, Söderlund H, Kääriäinen L.
Amino acid sequence of alpha-amylase from *Bacillus amyloliquefaciens* deduced from the nucleotide sequence of the cloned gene. J Biol Chem. 1983, *258* : 1007-13.

(36) Tutino ML, Duilio A, Parrilli R, Remaut E, Sannia G, Marino G.
A novel replication element from an Antarctic plasmid as a tool for the expression of proteins at low temperature. Extremophiles. 2001, *5* : 257-64.

(37) Violot S, Aghajari N, Czjzek M, Feller G, Sonan GK, Gouet P, Gerday C, Haser R, Receveur-Bréchot V.
Structure of a full length psychrophilic cellulase from *Pseudoalteromonas haloplanktis* revealed by X-ray diffraction and small angle X-ray scattering. J Mol Biol. 2005, *348* : 1211-24.

VI- La vie et les espaces interstellaires

(1) Altwegg K, Balsiger H, Bar-Nun A, Berthelier JJ, Bieler A, Bochsler P, Briois C, Calmonte U, Combi MR, Cottin H, De Keyser J, Dhooghe F, Fiethe B, Fuselier SA, Gasc S, Gombosi TI, Hansen KC, Haessig M, Jäckel A, Kopp E, Korth A, Le Roy L, Mall U, Marty B, Mousis O, Owen T, Rème H, Rubin M, Sémon T, Tzou CY, Hunter Waite J, Wurz P.
Prebiotic chemicals-amino acid and phosphorus-in the coma of comet 67P/Churyumov-Gerasimenko. Sci Adv. 2016, *2* :e1600285.

(2) Anglada-Escudé G, Amado PJ, Barnes J, Berdiñas ZM, Butler RP, Coleman GA, de la Cueva I, Dreizler S, Endl M, Giesers B, Jeffers SV, Jenkins JS, Jones HR, Kiraga M, Kürster M, López-González MJ, Marvin CJ, Morales N, Morin J1, Nelson RP, Ortiz JL, Ofir A, Paardekooper SJ, Reiners A, Rodríguez E, Rodríguez-López C, Sarmiento LF, Strachan JP, Tsapras Y, Tuomi M, Zechmeister M.
A terrestrial planet candidate in a temperate orbit around Proxima Centauri. Nature. 2016, *536* : 437-40.

(3) Arrhenius S. L'évolution des mondes. Charles Béranger *ed*. Paris, 1910, 262 p.

(4) Bakermans C, Skidmore ML.
Microbial metabolism in ice and brine at -5°C. Environ Microbiol. 2011, *13* : 2269-78.

(5) Belloche A, Garrod RT, Müller HS, Menten KM.
Detection of a branched alkyl molecule in the interstellar medium: iso-propyl cyanide. Science. 2014, *345* : 1584-7.

(6) Bernhardt-Olivieri A. Le quotidien du médecin, 14 mars 2016.

(7) Bidle KD, Lee S, Marchant DR, Falkowski PG.
Fossil genes and microbes in the oldest ice on earth. Proc Natl Acad Sci U S A. 2007, *104* : 13455-60.

(8) Bieler A, Altwegg K, Balsiger H, Bar-Nun A, Berthelier JJ, Bochsler P, Briois C[6] Calmonte U, Combi M, De Keyser J, van Dishoeck EF, Fiethe B, Fuselier SA, Gasc S, Gombosi TI, Hansen KC, Hässig M, Jäckel A, Kopp E, Korth A, Le Roy L, Mall U, Maggiolo R, Marty B, Mousis O, Owen T, Rème H, Rubin M, Sémon T, Tzou CY, Waite JH, Walsh C, Wurz P.
Abundant molecular oxygen in the coma of comet 67P/Churyumov-Gerasimenko. Nature. 2015, *526* : 678-81.

(9) Clarke A, Morris GJ, Fonseca F, Murray BJ, Acton E, Price HC.
A Low Temperature Limit for Life on Earth. PLoS One. 2013, *8* : e66207.

(10) Cronin JR, Pizzarello S.
Enantiomeric excesses in meteoritic amino acids. Science. 1997, *275* : 951-5.

(11) Dalai P, Pleyer HL, Strasdeit H, Fox S.
The Influence of Mineral Matrices on the Thermal Behavior of Glycine. Orig Life Evol Biosph. 2016, 1-26.

(12) DeGrasse Tyson N. Petite excursion dans le Cosmos. Belin / Humensis *ed*. Paris. 2017, 154 p.

(13) Di Donato P, Romano I, Mastascusa V, Poli A, Orlando P, Pugliese M, Nicolaus B.
Survival and Adaptation of the Thermophilic Species *Geobacillus thermantarcticus* in Simulated Spatial Conditions. Orig Life Evol Biosph. 2017 Jun 8.

(14) Drake F.
The search for extra-terrestrial intelligence. Philos Trans A Math Phys Eng Sci. 2011, *369* : 633-43.

(15) Dumas C, Ribot JC. L'aventure Rosetta. 900 jours sur une comète. Glénat, Arte *ed*, Grenoble, Issy-les-Moulineaux, 2017, 173 p.

(16) Dundas CM[1], Bramson AM[2], Ojha L[3], Wray JJ[4], Mellon MT[5], Byrne S[2], McEwen AS[2], Putzig NE[6], Viola D[2], Sutton S[2], Clark E[2], Holt JW[7].
Exposed subsurface ice sheets in the Martian mid-latitudes. Science. 2018. *359* : 199-201.

(17) [Elon Musk ou le mythe du héros technologique]. The New Zealand Herald, Auckland, New Zealand *in* Courrier international. 2016, juin-août, p. 76-81.

(18) Evans AC, Meinert C, Bredehöft JH, Giri C, Jones NC, Hoffmann SV, Meierhenrich UJ.
Anisotropy spectra for enantiomeric differentiation of biomolecular building blocks. Top Curr Chem. 2013, *341* : 271-99.

(19) Filacchione G, Raponi A, Capaccioni F, Ciarniello M, Tosi F, Capria MT, De Sanctis MC, Migliorini A, Piccioni G, Cerroni P, Barucci MA, Fornasier S, Schmitt B, Quirico E, Erard S, Bockelee-Morvan D, Leyrat C, Arnold G, Mennella V, Ammannito E, Bellucci G, Benkhoff J, Bibring JP, Blanco A, Blecka MI, Carlson R, Carsenty U, Colangeli L, Combes M, Combi M, Crovisier J, Drossart P, Encrenaz T, Federico C, Fink U, Fonti S, Fulchignoni M, Ip WH, Irwin P, Jaumann R, Kuehrt E, Langevin Y, Magni G, McCord T, Moroz L, Mottola S, Palomba E, Schade U, Stephan K, Taylor F, Tiphene D, Tozzi GP, Beck P, Biver N, Bonal L, Combe JP, Despan D, Flamini E, Formisano M, Frigeri A, Grassi D, Gudipati MS, Kappel D, Longobardo A, Mancarella F, Markus K, Merlin F, Orosei R, Rinaldi G, Cartacci M, Cicchetti A, Hello Y, Henry F, Jacquinod S, Reess JM, Noschese R, Politi R, Peter G.
Seasonal exposure of carbon dioxide ice on the nucleus of comet 67P/Churyumov-Gerasimenko. Science. 2016, *354* : 1563-6.

(20) Förstel M, Maksyutenko P, Jones BM, Sun BJ, Chang AH, Kaiser RI.
Synthesis of urea in cometary model ices and implications for Comet 67P/Churyumov-Gerasimenko. Chem Commun (Camb). 2016, *52* : 741-4.

(21) Fray N, Bardyn A, Cottin H, Altwegg K, Baklouti D, Briois C, Colangeli L, Engrand C, Fischer H, Glasmachers A, Grün E, Haerendel G, Henkel H, Höfner H, Hornung K, Jessberger EK, Koch A, Krüger H, Langevin Y, Lehto H, Lehto K, Le Roy L, Merouane S, Modica P, Orthous-Daunay FR, Paquette J, Raulin F, Rynö J, Schulz R, Silén J, Siljeström S, Steiger W, Stenzel O, Stephan T, Thirkell L, Thomas R, Torkar K, Varmuza K, Wanczek KP, Zaprudin B, Kissel J, Hilchenbach M.
High-molecular-weight organic matter in the particles of comet 67P/Churyumov-Gerasimenko. Nature. 2016, *538* : 72-74.

(22) Fritz JP. Chroniques de l'Espace – Temps. *L'Obs*, 12 avril 2016.

(23) Gibson DG, Glass JI, Lartigue C, Noskov VN, Chuang RY, Algire MA, Benders GA, Montague MG, Ma L, Moodie MM, Merryman C, Vashee S, Krishnakumar R, Assad-Garcia N, Andrews-Pfannkoch C, Denisova EA, Young L, Qi ZQ, Segall-Shapiro TH, Calvey CH, Parmar PP, Hutchison CA 3rd, Smith HO, Venter JC.
Creation of a bacterial cell controlled by a chemically synthesized genome. Science. 2010, *329* : 52-6.

(24) Gilbert W.
Origin of life. The RNA world. Nature. 1986, *319* : 618.

(25) Gilichinsky DA, Wilson GS, Friedmann EI, McKay CP, Sletten RS, Rivkina EM, Vishnivetskaya TA, Erokhina LG, Ivanushkina NE, Kochkina GA, Shcherbakova VA, Soina VS, Spirina EV, Vorobyova EA, Fyodorov-Davydov DG, Hallet B, Ozerskaya SM, Sorokovikov VA, Laurinavichyus KS, Shatilovich AV, Chanton JP, Ostroumov VE, Tiedje JM.
Microbial populations in Antarctic permafrost: biodiversity, state, age, and implication for astrobiology. Astrobiology. 2007, *7* : 275-311.

(26) Gillon M, Triaud AH, Demory BO, Jehin E, Agol E, Deck KM, Lederer SM, de Wit J, Burdanov A, Ingalls JG, Bolmont E, Leconte J, Raymond SN, Selsis F, Turbet M, Barkaoui K, Burgasser A, Burleigh MR, Carey SJ, Chaushev A, Copperwheat CM, Delrez L, Fernandes CS, Holdsworth DL, Kotze EJ, Van Grootel V, Almleaky Y, Benkhaldoun Z, Magain P, Queloz D.
Seven temperate terrestrial planets around the nearby ultracool dwarf star TRAPPIST-1. Nature. 2017, *542* : 456-460.

(27) Giri C1, Goesmann F, Meinert C, Evans AC, Meierhenrich UJ.
Synthesis and chirality of amino acids under interstellar conditions. Top Curr Chem. 2013, *333* : 41-82.

(28) Glavin DP, Dworkin JP.
Enrichment of the amino acid L-isovaline by aqueous alteration on CI and CM meteorite parent bodies. Proc Natl Acad Sci U S A. 2009, *106* : 5487-92.

(29) Grotzinger JP, Gupta S, Malin MC, Rubin DM, Schieber J, Siebach K, Sumner DY, Stack KM, Vasavada AR, Arvidson RE, Calef F 3rd, Edgar L, Fischer WF, Grant JA, Griffes J, Kah LC, Lamb MP, Lewis KW, Mangold N, Minitti ME, Palucis M, Rice M, Williams RM, Yingst RA, Blake D, Blaney D, Conrad P, Crisp J, Dietrich WE, Dromart G, Edgett KS, Ewing RC, Gellert R, Hurowitz JA, Kocurek G, Mahaffy P, McBride MJ, McLennan SM, Mischna M, Ming D, Milliken R, Newsom H, Oehler D, Parker TJ, Vaniman D, Wiens RC, Wilson SA.
Deposition, exhumation, and paleoclimate of an ancient lake deposit, Gale crater, Mars. Science. 2015, *350* : aac7575.

(30) Hassler DM, Zeitlin C, Wimmer-Schweingruber RF, Ehresmann B, Rafkin S, Eigenbrode JL, Brinza DE, Weigle G, Böttcher S, Böhm E, Burmeister S, Guo J, Köhler J, Martin C, Reitz G, Cucinotta FA, Kim MH, Grinspoon D, Bullock MA, Posner A, Gómez-Elvira J, Vasavada A, Grotzinger JP; MSL Science Team.
Mars' surface radiation environment measured with the Mars Science Laboratory's Curiosity rover. Science. 2014, *343* : 1244797.

(31) Hoyle F, Wickramasinghe NC
Prebiotic molecules and interstellar grain clumps. Nature. 1977, *266* : 241-3.

(32) Hu R, Bloom AA, Gao P, Miller CE, Yung YL.
Hypotheses for Near-Surface Exchange of Methane on Mars. Astrobiology. 2016, *16* : 539-50.

(33) Jacob F. Qu'est-ce que la vie ? L'université de tous les savoirs. Conférence prononcée le 1er janvier 2000.

(34) Jakosky BM, Phillips RJ.
Mars' volatile and climate history. Nature. 2001, *412* : 237-44.

(35) Kahane E. La vie n'existe pas ! Editions rationalistes. Paris, 1962, 260 p.

(36) Kawamura K, Maurel MC.
Walking over 4 Gya: Chemical Evolution from Photochemistry to Mineral and Organic Chemistries Leading to an RNA World. Orig Life Evol Biosph. 2017 Apr 21.

(37) Keller MA, Kampjut D, Harrison SA, Ralser M.
Sulfate radicals enable a non-enzymatic Krebs cycle precursor. Nat Ecol Evol. 2017, *1* : 0083.

(38) Kerridge JF.
Formation and processing of organics in the early solar system. Space Sci Rev. 1999, *90* : 275-88.

(39) Khodadad CL, Wong GM, James LM, Thakrar PJ, Lane MA, Catechis JA, Smith DJ. Stratosphere Conditions Inactivate Bacterial Endospores from a Mars Spacecraft Assembly Facility. Astrobiology. 2017, *17* : 337-350.

(40) Kim HW, Rhee MS.
Influence of Low-Shear Modeled Microgravity on Heat Resistance, Membrane Fatty Acid Composition, and Heat Stress-Related Gene Expression in Escherichia coli O157:H7 ATCC 35150, ATCC 43889, ATCC 43890, and ATCC 43895. Appl Environ Microbiol. 2016, *82* : 2893-901.

(41) Lamond AI1, Gibson TJ.Catalytic RNA and the origin of genetic systems. Trends Genet. 1990, *6* : 145-9.

(42) Lander ES, Linton LM, Birren B, Nusbaum C, Zody MC, Baldwin J, Devon K, Dewar K, Doyle M, FitzHugh W, Funke R, Gage D, Harris K, Heaford A, Howland J, Kann L, Lehoczky J, LeVine R, McEwan P, McKernan K, Meldrim J, Mesirov JP, Miranda C, Morris W, Naylor J, Raymond C, Rosetti M, Santos R, Sheridan A, Sougnez C, Stange-Thomann Y, Stojanovic N, Subramanian A, Wyman D, Rogers J, Sulston J, Ainscough R, Beck S, Bentley D, Burton J, Clee C, Carter N, Coulson A, Deadman R, Deloukas P, Dunham A, Dunham I, Durbin R, French L, Grafham D, Gregory S, Hubbard T, Humphray S, Hunt A, Jones M, Lloyd C, McMurray A, Matthews L, Mercer S, Milne S, Mullikin JC, Mungall A, Plumb R, Ross M, Shownkeen R, Sims S, Waterston RH, Wilson RK, Hillier LW, McPherson JD, Marra MA, Mardis ER, Fulton LA, Chinwalla AT, Pepin KH, Gish WR, Chissoe SL, Wendl MC, Delehaunty KD, Miner TL, Delehaunty A, Kramer JB, Cook LL, Fulton RS, Johnson DL, Minx PJ, Clifton SW, Hawkins T, Branscomb E, Predki P, Richardson P, Wenning S, Slezak T, Doggett N, Cheng JF, Olsen A, Lucas S, Elkin C, Uberbacher E, Frazier M, Gibbs RA, Muzny DM, Scherer SE, Bouck JB, Sodergren EJ, Worley KC, Rives CM, Gorrell JH, Metzker ML, Naylor SL, Kucherlapati RS, Nelson DL, Weinstock GM, Sakaki Y, Fujiyama A, Hattori M, Yada T, Toyoda A, Itoh T, Kawagoe C, Watanabe H, Totoki Y, Taylor T, Weissenbach J, Heilig R, Saurin W, Artiguenave F, Brottier P, Bruls T, Pelletier E, Robert C, Wincker P, Smith DR, Doucette-Stamm L, Rubenfield M, Weinstock K, Lee HM, Dubois J, Rosenthal A, Platzer M, Nyakatura G, Taudien S, Rump A, Yang H, Yu J, Wang J, Huang G, Gu J, Hood L, Rowen L, Madan A, Qin S, Davis RW, Federspiel NA, Abola AP, Proctor MJ, Myers RM, Schmutz J, Dickson M, Grimwood J, Cox DR, Olson MV, Kaul R, Raymond C, Shimizu N, Kawasaki K, Minoshima S, Evans GA, Athanasiou M, Schultz R, Roe BA, Chen F, Pan H, Ramser J, Lehrach H, Reinhardt R, McCombie WR, de la Bastide M, Dedhia N, Blöcker H, Hornischer K, Nordsiek G, Agarwala R, Aravind L, Bailey JA, Bateman A, Batzoglou S, Birney E, Bork P, Brown DG, Burge CB, Cerutti L, Chen HC, Church D, Clamp M, Copley RR, Doerks T, Eddy SR, Eichler EE, Furey TS, Galagan J, Gilbert JG, Harmon C, Hayashizaki Y, Haussler D, Hermjakob H, Hokamp K, Jang W, Johnson LS, Jones TA, Kasif S, Kaspryzk A, Kennedy S, Kent WJ, Kitts P, Koonin EV, Korf I, Kulp D, Lancet D, Lowe TM, McLysaght A, Mikkelsen T, Moran JV, Mulder N, Pollara VJ, Ponting CP, Schuler G, Schultz J, Slater G, Smit AF, Stupka E, Szustakowki J, Thierry-Mieg D, Thierry-Mieg J, Wagner L, Wallis J, Wheeler R, Williams A, Wolf YI, Wolfe KH, Yang SP, Yeh RF, Collins F, Guyer MS, Peterson J, Felsenfeld A, Wetterstrand KA, Patrinos A, Morgan MJ, de Jong P, Catanese JJ, Osoegawa K, Shizuya H, Choi S, Chen YJ, Szustakowki J; International Human Genome Sequencing Consortium.
Initial sequencing and analysis of the human genome. Nature. 2001, *409* : 860-921. Erratum in: Nature 2001, *411* : 720. Szustakowki, J [corrected to Szustakowski, J]. Nature 2001, *412* : 565.

(43) Lapchine L, Moatti N, Gasset G, Richoilley G, Templier J, Tixador R.
Antibiotic activity in space. Drugs Exp Clin Res. 1986, *12* : 933-8.

(44) Lehoucq R. De la lumière dans les voiles. *Le Monde*, 11 mai 2016.

(45) Luspay-Kuti A, Mousis O, Hässig M, Fuselier SA, Lunine JI, Marty B, Mandt KE, Wurz P, Rubin M.
The presence of clathrates in comet 67P/Churyumov-Gerasimenko. Sci Adv. 2016, *2* : e1501781.

(46) Madhusoodanan J.
Microbial stowaways to Mars identified. *Nature* doi:10.1038/nature.2014.15249

(47) Mayor M, Queloz D.
A Jupiter-Mass Companion to a Solar-Type Star. Nature, 1995, *378*, 355.

(48) McGuire BA, Carroll PB, Loomis RA, Finneran IA, Jewell PR, Remijan AJ, Blake GA.
Discovery of the interstellar chiral molecule propylene oxide (CH_3CHCH_2O). Science. 2016, *352* : 1449-52.

(49) Meierhenrich UJ, Nahon L, Alcaraz C, Bredehöft JH, Hoffmann SV, Barbier B, Brack A.
Asymmetric vacuum UV photolysis of the amino acid leucine in the solid state. Angew. Chem. Int. Ed. 2005, *44*: 2-5.

(50) Meinert C, Cassam-Chenaï P, Jones NC, Nahon L, Hoffmann SV, Meierhenrich UJ. Anisotropy-Guided Enantiomeric Enhancement in Alanine Using Far-UV Circularly Polarized Light. Orig Life Evol Biosph. 2015, *45* : 149-61.

(51) Ming DW, Archer PD Jr, Glavin DP, Eigenbrode JL, Franz HB, Sutter B, Brunner AE, Stern JC, Freissinet C, McAdam AC, Mahaffy PR, Cabane M, Coll P, Campbell JL, Atreya SK, Niles PB, Bell JF 3rd, Bish DL, Brinckerhoff WB, Buch A, Conrad PG, Des Marais DJ, Ehlmann BL, Fairén AG, Farley K, Flesch GJ, Francois P, Gellert R, Grant JA, Grotzinger JP, Gupta S, Herkenhoff KE, Hurowitz JA, Leshin LA, Lewis KW, McLennan SM, Miller KE, Moersch J, Morris RV, Navarro-González R, Pavlov AA, Perrett GM, Pradler I, Squyres SW, Summons RE, Steele A, Stolper EM, Sumner DY, Szopa C, Teinturier S, Trainer MG, Treiman AH, Vaniman DT, Vasavada AR, Webster CR, Wray JJ, Yingst RA; MSL Science Team. (448 collaborators).
Volatile and organic compositions of sedimentary rocks in Yellowknife Bay, Gale crater, Mars. Science. 2014, *343* : 1245267.

(52) Morin H. J'ai passé un an enfermé sur un volcan hawaïen… Le Monde, 5 septembre 2016.

(53) Morin H. Explorer est dans nos gènes. Le Monde, 12 août 2017.

(54) Mykytczuk NC, Foote SJ, Omelon CR, Southam G, Greer CW, Whyte LG.
Bacterial growth at -15 °C; molecular insights from the permafrost bacterium *Planococcus halocryophilus* Or1. ISME J. 2013, *7* : 1211-26.

(54a) Olsen PE, Kent DV, Sues HD, Koeberl C, Huber H, Montanari A, Rainforth EC, Fowell SJ, Szajna MJ, Hartline BW.
Ascent of dinosaurs linked to an iridium anomaly at the Triassic-Jurassic boundary. Science. 2002, *296* : 1305-7

(55) Oparine AI. *Proiskhozhdenie zhizni*, Izd. Moskovskii Rabochi, Moscou, 1924. *The Origin of Life*, Macmillan *ed*, New York, 1938.

(56) Orgel LE.
Prebiotic chemistry and the origin of the RNA world. Crit Rev Biochem Mol Biol. 2004, *39* : 99-123.

(57) Pacelli C, Selbmann L, Zucconi L, Raguse M, Moeller R, Shuryak I, Onofri S.
Survival, DNA Integrity, and Ultrastructural Damage in Antarctic Cryptoendolithic Eukaryotic Microorganisms Exposed to Ionizing Radiation. Astrobiology. 2017, *17* : 126-135.

(58) Pätzold M, Andert T, Hahn M, Asmar SW, Barriot JP, Bird MK, Häusler B, Peter K, Tellmann S, Grün E, Weissman PR, Sierks H, Jorda L, Gaskell R, Preusker F, Scholten F.
A homogeneous nucleus for comet 67P/Churyumov-Gerasimenko from its gravity field. Nature. 2016, *530* : 63-5.

(59) Pedroletti B. Le Monde. 11 novembre 2016.

(60) Price PB, Sowers T.
Temperature dependence of metabolic rates for microbial growth, maintenance, and survival. Proc Natl Acad Sci U S A. 2004, *101* : 4631-6.

(61) Quintana EV, Barclay T, Raymond SN, Rowe JF, Bolmont E, Caldwell DA, Howell SB, Kane SR, Huber D, Crepp JR, Lissauer JJ, Ciardi DR, Coughlin JL, Everett ME, Henze CE, Horch E, Isaacson H, Ford EB, Adams FC, Still M, Hunter RC, Quarles B, Selsis F.
An Earth-sized planet in the habitable zone of a cool star. Science. 2014, *344* : 277-80.

(62) Quirantes Sierra A. Voyage dans le cosmos. Les exoplanètes. Graficas Estella, Estella, Espagne. 2017, 158 p.

(63) Rosenzweig JA, Abogunde O, Thomas K, Lawal A, Nguyen YU, Sodipe A, Jejelowo O.
Spaceflight and modeled microgravity effects on microbial growth and virulence. Appl Microbiol Biotechnol. 2010, *85* : 885-91.

(64) Rosenzweig JA, Ahmed S, Eunson J Jr, Chopra AK.
Low-shear force associated with modeled microgravity and spaceflight does not similarly impact the virulence of notable bacterial pathogens. Appl Microbiol Biotechnol. 2014, *98* : 8797-807.

(65) Rothschild LJ, Mancinelli RL.
Life in extreme environments. Nature. 2001, *409* : 1092-101.

(66) Rummel JD, Beaty DW, Jones MA, Bakermans C, Barlow NG, Boston PJ, Chevrier VF, Clark BC, de Vera JP, Gough RV, Hallsworth JE, Head JW, Hipkin VJ, Kieft TL, McEwen AS, Mellon MT, Mikucki JA, Nicholson WL, Omelon CR, Peterson R, Roden EE, Sherwood Lollar B, Tanaka KL, Viola D, Wray JJ.
A new analysis of Mars "Special Regions": findings of the second MEPAG Special Regions Science Analysis Group (SR-SAG2). Astrobiology. 2014, *14* : 887-968.

(67) Sagan C. Cosmos. Mazarine ed. Paris, 1981, 363 p.

(68) Smith SA, Benardini JN 3rd, Anderl D, Ford M, Wear E, Schrader M, Schubert W, DeVeaux L, Paszczynski A, Childers SE.
Identification and Characterization of Early Mission Phase Microorganisms Residing on the Mars Science Laboratory and Assessment of Their Potential to Survive Mars-like Conditions. Astrobiology. 2017, *17* : 253-265.

(69) Spycher BD, Lupatsch JE, Zwahlen M, Röösli M, Niggli F, Grotzer MA, Rischewski J, Egger M, Kuehni CE; Swiss Pediatric Oncology Group; Swiss National Cohort Study Group. Background ionizing radiation and the risk of childhood cancer: a census-based nationwide cohort study. Environ Health Perspect. 2015, *123* : 622-8.

(70) Stern JC, Sutter B, Freissinet C, Navarro-González R, McKay CP, Archer PD Jr, Buch A, Brunner AE, Coll P, Eigenbrode JL, Fairen AG, Franz HB, Glavin DP, Kashyap S, McAdam AC, Ming DW, Steele A, Szopa C, Wray JJ, Martín-Torres FJ, Zorzano MP, Conrad PG, Mahaffy PR; MSL Science Team. (448 collaborators).
Evidence for indigenous nitrogen in sedimentary and aeolian deposits from the Curiosity rover investigations at Gale crater, Mars. Proc Natl Acad Sci U S A. 2015, *112* : 4245-50.

(71) Szabó T, Domokos G, Grotzinger JP, Jerolmack DJ.
Reconstructing the transport history of pebbles on Mars. Nat Commun. 2015, *6* : 8366.

(72) Taylor PW.
Impact of space flight on bacterial virulence and antibiotic susceptibility. Infect Drug Resist. 2015, *8* : 249-62.

(73) Venter JC, Adams MD, Myers EW, Li PW, Mural RJ, Sutton GG, Smith HO, Yandell M, Evans CA, Holt RA, Gocayne JD, Amanatides P, Ballew RM, Huson DH, Wortman JR, Zhang Q, Kodira CD, Zheng XH, Chen L, Skupski M, Subramanian G, Thomas PD, Zhang J, Gabor Miklos GL, Nelson C, Broder S, Clark AG, Nadeau J, McKusick VA, Zinder N, Levine AJ, Roberts RJ, Simon M, Slayman C, Hunkapiller M, Bolanos R, Delcher A, Dew I, Fasulo D, Flanigan M, Florea L, Halpern A, Hannenhalli S, Kravitz S, Levy S, Mobarry C, Reinert K, Remington K, Abu-Threideh J, Beasley E, Biddick K, Bonazzi V, Brandon R, Cargill M, Chandramouliswaran I, Charlab R, Chaturvedi K, Deng Z, Di Francesco V, Dunn P, Eilbeck K, Evangelista C, Gabrielian AE, Gan W, Ge W, Gong F, Gu Z, Guan P, Heiman TJ, Higgins ME, Ji RR, Ke Z, Ketchum KA, Lai Z, Lei Y, Li Z, Li J, Liang Y, Lin X, Lu F, Merkulov GV, Milshina N, Moore HM, Naik AK, Narayan VA, Neelam B, Nusskern D, Rusch DB, Salzberg S, Shao W, Shue B, Sun J, Wang Z, Wang A, Wang X, Wang J, Wei M, Wides R, Xiao C, Yan C, Yao A, Ye J, Zhan M, Zhang W, Zhang H, Zhao Q, Zheng L, Zhong F, Zhong W, Zhu S, Zhao S, Gilbert D, Baumhueter S, Spier G, Carter C, Cravchik A, Woodage T, Ali F, An H, Awe A, Baldwin D, Baden H, Barnstead M, Barrow I, Beeson K, Busam D, Carver A, Center A, Cheng ML, Curry L, Danaher S, Davenport L, Desilets R, Dietz S, Dodson K, Doup L, Ferriera S, Garg N, Gluecksmann A, Hart B, Haynes J, Haynes C, Heiner C, Hladun S, Hostin D, Houck J, Howland T, Ibegwam C, Johnson J, Kalush F, Kline L, Koduru S, Love A, Mann F, May D, McCawley S, McIntosh T, McMullen I, Moy M, Moy L, Murphy B, Nelson K, Pfannkoch C, Pratts E, Puri V, Qureshi H, Reardon M, Rodriguez R, Rogers YH, Romblad D, Ruhfel B, Scott R, Sitter C, Smallwood M, Stewart E, Strong R, Suh E, Thomas R, Tint NN, Tse S, Vech C, Wang G, Wetter J, Williams S, Williams M, Windsor S, Winn-Deen E, Wolfe K, Zaveri J, Zaveri K, Abril JF, Guigó R, Campbell MJ, Sjolander KV, Karlak B, Kejariwal A, Mi H, Lazareva B, Hatton T, Narechania A, Diemer K, Muruganujan A, Guo N, Sato S, Bafna V, Istrail S, Lippert R, Schwartz R, Walenz B, Yooseph S, Allen D, Basu A, Baxendale J, Blick L, Caminha M, Carnes-Stine J, Caulk P, Chiang YH, Coyne M, Dahlke C, Mays A, Dombroski M, Donnelly M, Ely D, Esparham S, Fosler C, Gire H, Glanowski S, Glasser K, Glodek A, Gorokhov M, Graham K, Gropman B, Harris M, Heil J, Henderson S, Hoover J, Jennings D, Jordan C, Jordan J, Kasha J, Kagan L, Kraft C, Levitsky A, Lewis M, Liu X, Lopez J, Ma D, Majoros W, McDaniel J, Murphy S, Newman M, Nguyen T, Nguyen N, Nodell M, Pan S, Peck J, Peterson M, Rowe W, Sanders R, Scott J, Simpson M, Smith T, Sprague A, Stockwell T, Turner R, Venter E, Wang M, Wen M, Wu D, Wu M, Xia A, Zandieh A, Zhu X.
The sequence of the human genome. Science. 2001, *291* : 1304-51. Erratum in: Science 2001, *292* : 1838.

(74) Verseux C, Baqué M, Cifariello R, Fagliarone C, Raguse M, Moeller R, Billi D.
Evaluation of the Resistance of *Chroococcidiopsis* spp. to Sparsely and Densely Ionizing Irradiation. Astrobiology. 2017, *17* : 118-125.

(75) Webster CR, Mahaffy PR, Flesch GJ, Niles PB, Jones JH, Leshin LA, Atreya SK, Stern JC, Christensen LE, Owen T, Franz H, Pepin RO *et al.*
Isotope ratios of H, C, and O in CO2 and H2O of the martian atmosphere. Science. 2013, *341* : 260-3.

(76) Webster CR, Mahaffy PR, Atreya SK, Moores JE, Flesch GJ, Malespin C, McKay CP, Martinez G, Smith CL, Martin-Torres J, Gomez-Elvira J, Zorzano MP, Wong MH, Trainer MG, Steele A, Archer D Jr, Sutter B, Coll PJ, Freissinet C, Meslin PY, Gough RV, House CH, Pavlov A, Eigenbrode JL, Glavin DP, Pearson JC, Keymeulen D, Christensen LE, Schwenzer SP, Navarro-Gonzalez R, Pla-García J, Rafkin SCR, Vicente-Retortillo Á, Kahanpää H, Viudez-Moreiras D, Smith MD, Harri AM, Genzer M, Hassler DM, Lemmon M, Crisp J, Sander SP, Zurek RW, Vasavada AR.
. Background levels of methane in Mars' atmosphere show strong seasonal variations. Science. 2018 Jun 8;360(6393):1093-1096.

(77) Westall F, Foucher F, Bost N, Bertrand M, Loizeau D, Vago JL, Kminek G, Gaboyer F, Campbell KA, Bréhéret JG, Gautret P, Cockell CS.
Biosignatures on Mars: What, Where, and How? Implications for the Search for Martian Life. Astrobiology. 2015, *15* : 998-1029.

(78)Wilhelm MB, Davila AF, Parenteau MN, Jahnke LL, Abate M, Cooper G, Kelly ET, Parro García V, Villadangos MG, Blanco Y, Glass B, Wray JJ, Eigenbrode JL, Summons RE, Warren-Rhodes K. Constraints on the Metabolic Activity of Microorganisms in Atacama Surface Soils Inferred from Refractory Biomarkers: Implications for Martian Habitability and Biomarker Detection. Astrobiology. 2018, *18* : 955-66.

(79) Wilson JW, Ott CM, Höner zu Bentrup K, Ramamurthy R, Quick L, Porwollik S, Cheng P, McClelland M, Tsaprailis G, Radabaugh T, Hunt A, Fernandez D, Richter E, Shah M, Kilcoyne M, Joshi L, Nelman-Gonzalez M, Hing S, Parra M, Dumars P, Norwood K, Bober R, Devich J, Ruggles A, Goulart C, Rupert M, Stodieck L, Stafford P, Catella L, Schurr MJ, Buchanan K, Morici L, McCracken J, Allen P, Baker-Coleman C, Hammond T, Vogel J, Nelson R, Pierson DL, Stefanyshyn-Piper HM, Nickerson CA.
Space flight alters bacterial gene expression and virulence and reveals a role for global regulator Hfq. Proc Natl Acad Sci U S A. 2007, *104* : 16299-304.

INDEX DES NOMS PROPRES

INDEX

De l'Antarctique aux espaces interstellaires...

Les bactéries du froid

SCIENCES DE LA TERRE (GÉOLOGIE, CLIMATOLOGIE, HYDROLOGIE...)

AUX ÉDITIONS L'HARMATTAN

Dernières parutions

MISE EN VALEUR DES AMÉNAGEMENTS HYDRO-AGRICOLES DU BASSIN DE L'ANAMBÉ

Aliou Baldé

La péjoration climatique qui sévit dans la région soudano-sahélienne a remis en cause l'efficacité des méthodes culturales traditionnelles entraînant un important exode rural. Dès lors, l'irrigation s'avère indispensable pour limiter les effets de la sécheresse. C'est dans contexte qu'elle a été introduite dans le bassin de l'Anambé. Après 40 ans d'expérience et malgré les énormes potentialités agro-économiques du bassin et les gros investissements réalisés par l'Etat, les résultats sont décevants. Cet ouvrage cherche à expliquer ce paradoxe et à proposer des solutions efficaces et durables.

(Coll. Harmattan Sénégal, 436 p., 40 euros)

ISBN : 978-2-343-14400-9, EAN EBOOK : 9782140097836

L'AFRIQUE UN CONTINENT AUX RESSOURCES MINIÈRES EXCEPTIONNELLES

Abel Renaud Eba

Dans le but de confirmer l'importance géopolitique et économique de l'Afrique et le caractère géostratégique de ses minerais, ce livre met en évidence l'énorme potentiel minier de l'Afrique tout en faisant le lien avec les questions de développement typiques de ce continent.

(396 p., 39 euros)

ISBN : 978-2-343-13821-3, EAN EBOOK : 9782140087745

LE PÉRIL DE LA POLLUTION SUR LE FLEUVE NIGER

Sidy Ba

Cet ouvrage est consacré à l'examen des différents types de pollution sur le fleuve Niger, ainsi qu'à leurs conséquences, soit connues et visibles, soit plus subtiles et insoupçonnées, mais tout aussi dangereuses. Il apporte des éclaircissements scientifiques sur les mécanismes de contamination de divers types de polluants et leur impact sur les espèces animales et végétales. L'auteur propose quelques pistes de solution pour prévenir, limiter et réduire la pollution grandissante du fleuve Niger.

(Coll. Études africaines, 170 p., 17,5 euros)

ISBN : 978-2-343-13652-3, EAN EBOOK : 9782140059520

HISTOIRE DU CLIMAT EN FRANCHE-COMTÉ

du Jurassique à nos jours

Collectif

L'évolution du climat est assurément parmi les questions les plus importantes du XXIe siècle. Si les auteurs font la part belle à la Franche-Comté dans ce livre, ils n'occultent pas les grandes tendances climatiques touchant la planète entière. Le lecteur découvrira ainsi les résultats les plus récents et pourra reconstituer l'histoire climatique des 500 derniers millions d'années de la Franche-Comté

(240 p., 23 euros)

ISBN : 978-2-88419-384-9, EAN EBOOK : 9782140059520

MATHÉMATIQUES, PHYSIQUE, MÉTAPHYSIQUE

Les voies du réel

André Thayse

L'énigme essentielle à propos de l'Univers a été énoncée au dix-huitième siècle par le philosophe et mathématicien Gottfried Leibniz : Pourquoi y a-t-il quelque chose plutôt que rien ? Question à laquelle la Modernité a ajouté : Qu'est-ce qui fait gravir à ce quelque chose les échelons de complexité ? En Europe occidentale les deux traditions qui se sont penchées sur cette question sont celles de la Sagesse - religieuse et laïque - et des sciences exactes.

(Coll. Sciences et enjeux, 212 p., 21 euros)

ISBN : 978-2-8061-0422-9, EAN EBOOK : 9782806109828

RÉFLEXIONS SUR LA SCIENCE ET QUELQUES FLÂNERIES

Abécédaire

Francis Bailly

Cet abécédaire rassemble des réflexions inspirées par une vie de chercheur scientifique et de penseur. Ces dossiers sont classés par l'auteur en trois parties : « Homme, détermination et liberté » ; « Significations » ; « Science, vérité, rationalité ». Les deux premières traitent de constantes de la nature humaine, psychologiques, sociales, éthiques, voire, dans certains cas, politiques, qui gouvernent souvent les comportements mais peuvent être infléchies par la volonté individuelle. La troisième partie relève de la philosophie des sciences et de l'épistémologie : elle examine des concepts de la science occidentale communément admis et utilisés comme autant d'évidences universelles.

(228 p., 23,5 euros)

ISBN : 978-2-343-15358-2, EAN EBOOK : 9782140099410

MÉTHODE CYCLIQUE À SPIRALE, UNICITÉ DU SUJET ET DE L'OBJET EN SCIENCE

Comment espérer retrouver tout ce qui est recherché en science

Wendoudi Appolinaire Beyi

L'approche cyclique, semi-cyclique et spirale explore les objets scientifiques en identifiant des évènements signifiants jusqu'à l'exhaustivité et en justifiant les trajectoires d'emprunts de(s) chaine(s) de causalité(s) centrée(s), diffuse(s) ou évolutive(s) dans le temps et dans l'espace. Ne cherchez pas de méthode scientifique dans la démarche, elle récuse les normes prédéfinies.

(Coll. Harmattan Burkina Faso, 72 p., 11,5 euros)

ISBN : 978-2-343-15484-8, EAN EBOOK : 9782140096884

FLORE ET FAUNE DU NIGER ET DES PAYS VOISINS

Ibrahim Najada

Cet ouvrage présente plus de 370 espèces d'animaux et de plantes, qui permettent de mieux comprendre la faune et la flore du Niger et des pays limitrophes. Comblant un vide dans plusieurs disciplines, les chercheurs y trouveront des réponses appropriées aux multiples interrogations qui touchent l'environnement dans un contexte sahélien (nombreuses photos couleur).

(284 p., 45 euros)

ISBN : 978-2-343-14189-3, EAN EBOOK : 9782140095818

FEMMES DE SCIENCES

Quelles conquêtes ? Quelle reconnaissance ?

Rencontres de Mix-Cité 2017 - Textes réunis par Dominique Bréchemier et Nicole Laval-Turpin

Cette nouvelle session des rencontres Mix-Cité ouvre une nouvelle perspective, thématique et diachronique, autour des femmes de sciences un immense continent dont n'émergent que quelques noms emblématiques, Émilie du Châtelet au temps des Lumières ou Marie Curie au XXe siècle. Il y eut pourtant de remarquables chercheuses dans des domaines aussi divers que les mathématiques, la paléontologie, la médecine ou l'ethnologie. Trop souvent dans l'ombre d'un mari ou de collègues prompts à récupérer le fruit de leurs travaux, elles n'ont guère bénéficié de la moindre renommée. Au-delà d'une approche biographique, il s'agit de présenter leurs découvertes, leur originalité, et les chemins étroits d'une émancipation laborieuse : la Recherche ne s'est pas toujours montrée prompte à ouvrir aux femmes les portes de la Science.

(212 p., 21,5 euros)

ISBN : 978-2-343-15105-2, EAN EBOOK : 9782140095481

Structures éditoriales du groupe L'Harmattan

L'Harmattan Italie
Via degli Artisti, 15
10124 Torino
harmattan.italia@gmail.com

L'Harmattan Hongrie
Kossuth l. u. 14-16.
1053 Budapest
harmattan@harmattan.hu

L'Harmattan Sénégal
10 VDN en face Mermoz
BP 45034 Dakar-Fann
senharmattan@gmail.com

L'Harmattan Cameroun
TSINGA/FECAFOOT
BP 11486 Yaoundé
inkoukam@gmail.com

L'Harmattan Burkina Faso
Achille Somé – tengnule@hotmail.fr

L'Harmattan Guinée
Almamya, rue KA 028 OKB Agency
BP 3470 Conakry
harmattanguinee@yahoo.fr

L'Harmattan RDC
185, avenue Nyangwe
Commune de Lingwala – Kinshasa
matangilamusadila@yahoo.fr

L'Harmattan Congo
67, boulevard Denis-Sassou-N'Guesso
BP 2874 Brazzaville
harmattan.congo@yahoo.fr

L'Harmattan Mali
Sirakoro-Meguetana V31
Bamako
syllaka@yahoo.fr

L'Harmattan Togo
Djidjole – Lomé
Maison Amela
face EPP BATOME
ddamela@aol.com

L'Harmattan Côte d'Ivoire
Résidence Karl – Cité des Arts
Abidjan-Cocody
03 BP 1588 Abidjan
espace_harmattan.ci@hotmail.fr

L'Harmattan Algérie
22, rue Moulay-Mohamed
31000 Oran
info2@harmattan-algerie.com

L'Harmattan Maroc
5, rue Ferrane-Kouicha, Talaâ-Elkbira
Chrableyine, Fès-Médine
30000 Fès
harmattan.maroc@gmail.com

Nos librairies en France

Librairie internationale
16, rue des Écoles – 75005 Paris
librairie.internationale@harmattan.fr
01 40 46 79 11
www.librairieharmattan.com

Lib. sciences humaines & histoire
21, rue des Écoles – 75005 Paris
librairie.sh@harmattan.fr
01 46 34 13 71
www.librairieharmattansh.com

Librairie l'Espace Harmattan
21 bis, rue des Écoles – 75005 Paris
librairie.espace@harmattan.fr
01 43 29 49 42

Lib. Méditerranée & Moyen-Orient
7, rue des Carmes – 75005 Paris
librairie.mediterranee@harmattan.fr
01 43 29 71 15

Librairie Le Lucernaire
53, rue Notre-Dame-des-Champs – 75006 Paris
librairie@lucernaire.fr
01 42 22 67 13

www.ingramcontent.com/pod-product-compliance
Lightning Source LLC
LaVergne TN
LVHW010937061026
849535LV00007B/2437